烹饪教程真人秀

下厨必备的
过瘾川湘菜分步图解

甘智荣 主编

吉林科学技术出版社

图书在版编目（ＣＩＰ）数据

下厨必备的过瘾川湘菜分步图解 / 甘智荣主编. --
长春：吉林科学技术出版社，2015.7
（烹饪教程真人秀）
ISBN 978-7-5384-9529-4

Ⅰ. ①下… Ⅱ. ①甘… Ⅲ. ①川菜－菜谱②湘菜－菜
谱 Ⅳ. ① TS972.182.71 ② TS972.182.64

中国版本图书馆CIP数据核字（2015）第 165844 号

下厨必备的过瘾川湘菜分步图解

Xiachu Bibei De Guoyin Chuanxiangcai Fenbu Tujie

主　　编　甘智荣
出 版 人　李　梁
责任编辑　李红梅
策划编辑　朱小芳
封面设计　郑欣媚
版式设计　谢丹丹
开　　本　723mm×1020mm　1/16
字　　数　220千字
印　　张　16
印　　数　10000册
版　　次　2015年9月第1版
印　　次　2015年9月第1次印刷

出　　版　吉林科学技术出版社
发　　行　吉林科学技术出版社
地　　址　长春市人民大街4646号
邮　　编　130021
发行部电话/传真　0431-85635177　85651759　85651628
　　　　　　　　　　　　85677817　85600611　85670016
储运部电话　0431-84612872
编辑部电话　0431-86037576
网　　址　www.jlstp.net
印　　刷　深圳市雅佳图印刷有限公司

书　　号　ISBN 978-7-5384-9529-4
定　　价　29.80元

目录
contents

PART 1 就是这个川味儿

细说魅力川菜 002
好调料才能调出好味道 005
川菜味汁这么做 007
食材处理露一手 009

PART 2 麻辣川菜

◎素菜类

铁板花菜 014
鱼香土豆丝 015
干煸茄丝 016
捣茄子 017
油泼茄子 018
臊子鱼鳞茄 019
葱椒莴笋 020
红油莴笋丝 021
川味酸辣黄瓜条 022
醋溜黄瓜 023
川辣黄瓜 024

川味烧萝卜 025
萝卜干炒青椒 026
豉香山药条 027
麻婆山药 028
肉末芽菜煸豆角 029
鸳鸯豆角 030
肉末干煸四季豆 031
酸辣魔芋烧笋丝 032
豉椒酱刀豆 033
香辣米凉粉 034
干煸藕条 035
辣油藕片 036

鱼香金针菇 037

干锅茶树菇 038

吉祥猴菇 039

石锅杏鲍菇 040

红油拌杂菌 041

宫保豆腐 042

家常豆豉烧豆腐 043

香辣铁板豆腐 044

麻辣香干 045

◎畜肉类

辣子肉丁 046

魔芋烧肉片 047

芹菜腊肉 048

青椒肉丝 049

香干回锅肉 050

椒香肉片 051

香辣肉丝白菜 052

鱼香肉丝 053

水煮肉片千张 054

水煮肉片 055

干锅菌菇千张 056

生爆盐煎肉 057

蚂蚁上树 058

豆瓣排骨 059

干锅排骨 060

小炒肝尖 061

水煮猪肝 062

焦炸肥肠 063

干煸肥肠 064

干煸牛肉丝 065

葱韭牛肉 066

米椒拌牛肚 067

夫妻肺片 068

青椒回锅牛舌 069

孜然羊肚 070

麻辣羊肚丝 071

◎禽蛋类

芽菜碎米鸡 072

宫保鸡丁 073

椒麻鸡 074

麻辣怪味鸡 075

蜀香鸡 076

泡椒三黄鸡 077

棒棒鸡 078

藤椒鸡 079

麻辣干炒鸡 080

重庆芋儿鸡 081

重庆烧鸡公 082

辣子鸡 083

歌乐山辣子鸡 084

鱼香鸡丝 085

土豆焖鸡块 086

剁椒蒸鸡腿 087

丁香多味鸡腿 088

魔芋结烧鸡翅 089

麻辣鸡爪 090

干妈酱爆鸡软骨 091

尖椒炒鸡心 092

泡椒炒鸭肉 093

野山椒炒鸭肉丝 094

爆炒鸭丝 095

子姜鸭 096

椒麻鸭下巴 097

香辣鸭胗 098

双菇炒鸭血 099

毛血旺 100

萝卜干肉末炒蛋 101

◎水产类

醋焖鲫鱼 102

豆瓣鲫鱼 103

肉桂五香鲫鱼 104

麻辣豆腐鱼 105

酸菜小黄鱼 106

剁椒鲈鱼 107

酸菜炖鲇鱼 108

干烧鳝段 109

爆炒鳝鱼 110

水煮鱼片 111

啤酒炖草鱼 112

麻辣香水鱼 113

双椒淋汁鱼 114

水煮财鱼 115

椒盐银鱼 116

剁椒鱿鱼丝 117

蒜薹拌鱿鱼 118

姜丝炒墨鱼须 119

泡椒墨鱼 120

豆花鱼火锅 121

酸菜剁椒小黄鱼 122

水煮牛蛙 123

泡椒牛蛙 124

串串香辣虾 125

洋葱爆炒虾 126

苦瓜黑椒炒虾球 127

紫苏豉酱炒丁螺 128

PART 3 就爱这个湘味儿

话说诱惑湘菜 130

调味品——调出独家湘味 134

大厨支招做湘菜 136

了解湘味经典 138

PART 4 火辣湘菜

◎ 素菜类

豆豉剁辣椒 142

醋椒酸包菜 143

清炒黄瓜片 144

黄瓜蒜片 145

醋熘西葫芦 146

腐乳凉拌鱼腥草 147

泡椒杏鲍菇炒秋葵 148

泡椒蒸冬瓜 149

剁椒冬瓜 150

剁椒佛手瓜丝 151

豆豉炒苦瓜 152

油辣冬笋尖 153

口味茄子煲 154

豆瓣茄子 155

剁椒蒸土豆 156

扁豆丝炒豆腐干 157

红椒炒扁豆 158

辣椒炒茭白 159

剁椒拌莲藕 160

湖南麻辣藕 161

红油莲子 162

芹菜烧豆腐 163

湖南臭豆腐 164

毛家蒸豆腐 165

剁椒芽菜烧豆腐 166

农家葱爆豆腐 167

口味香干 168

辣拌攸县香干 169

菠菜拌粉丝 170

冬笋拌豆芽 171

◎ 畜肉类

毛家红烧肉 172

雪里蕻炒油渣 173

农家小炒肉 174

佛手瓜炒肉片 175

湖南夫子肉 176

茶树菇炒五花肉 177

湘煎口蘑 178

蒜薹木耳炒肉丝 179

粉蒸肉 180

攸县香干炒腊肉 181

干豆角炒腊肉 182

酒香腊肉 183

芝麻辣味炒排骨 184

腐乳烧排骨 185

粉蒸排骨 186

萝卜干炒腊肠 187

木耳炒腰花 188

湘味牛肉干锅 189

湘卤牛肉 190

黄瓜炒牛肉 191

葱烧牛舌 192

小炒牛肚 193

回锅羊肉片 194

苦瓜炒羊肉 195

辣拌羊肉 196

凉拌羊肚 197

◎ 禽蛋类

茶树菇干锅鸡 198

左宗棠鸡 199

剁椒炒鸡丁 200

双椒鸡丝 201

扁豆鸡丝 202

鸡丁炒豌豆 203

鸡丁萝卜干 204

椒香竹篓鸡 205

韭菜花拌鸡丝 206

鸡肉炒口蘑 207

农家尖椒鸡 208

泡鸡胗炒豆角 209

剁椒魔芋炒鸡翅 210

老干妈炒鸡翅 211

魔芋炖鸡腿 212

蜜香凤爪 213

胡萝卜炒鸡肝 214

干锅土匪鸭 215

尖椒爆鸭 216

辣拌烤鸭片 217

红烧鸭翅 218

春笋炒鸭肠 219

鸡蛋炒豆渣 220

豆豉荷包蛋 221

老鹅焖豆干 222

黄焖仔鹅 223

◎ 水产类

腊八豆香菜炒鳝鱼 224

响油鳝丝 225

豉汁蒸白鳝鱼 226

香辣砂锅鱼 227

辣子鱼块 228

剁椒鱼头 229

剁椒蒸鲤鱼 230

豉油蒸鲤鱼 231

青笋香锅 232

火焙鱼焖大白菜 233

湘味腊鱼 234

腊八豆烧黄鱼 235

豆腐烧黄骨鱼 236

干烧鲳鱼 237

辣椒炒鱼板 238

金牌口味蟹 239

剁椒牛蛙 240

虾仁四季豆 241

尖椒虾皮 242

彩椒炒小河虾干 243

辣拌蛤蜊 244

口味螺肉 245

生爆水鱼 246

红烧龟肉 247

洞庭金龟 248

PART 1
就是这个
川味儿

　　作为八大菜系之一，川菜以其独特的麻辣鲜香刺激着人的味蕾，让人欲罢不能，如此出众的川菜在国际上也享有一定的美誉，甚至有"食在中国，味在四川"的说法。

　　本章主要介绍川菜的基本特色及烹饪手法，让您对川菜有更清晰的掌握，让您在家就能轻松享受美味川菜！

细说魅力川菜

　　川菜系是一个历史悠久的菜系，它的发源地是古代的巴国和蜀国。历代典籍和各个朝代文人骚客的诗词文章里有不少对于川菜的记载。接下来就让我们一起去探索川菜的秘密吧！

◎川菜的历史

　　川菜是我国四大菜系之一，它有值得追溯的悠远历史，潜移默化地影响着一代又一代人的饮食习惯。

　　川菜的出现可追溯至秦汉，秦始皇统一中国到三国鼎立之间，四川政治、经济、文化中心逐渐移向成都。其时，无论烹饪原料的取材，还是调味品的使用，以及刀工、火候的要求和专业烹饪水平，均已初具规模，已有菜系的雏形。张骞出使西域，引进胡瓜、胡豆、胡桃、大豆、大蒜等品种，又增加了川菜的烹饪原料和调料。西晋文学家左思所著《蜀都赋》中便有"金罍中坐，肴烟四陈。觞以清醥，鲜以紫鳞"的描述。

　　唐宋时期，川菜更为脍炙人口。诗人陆游曾有"玉食峨眉木耳，金齑丙穴鱼"的诗句赞美川菜。川菜在宋代已经形成流派，当时的影响已达中原。宋代孟元老著《东京梦华录》卷4《食店》记载了北宋汴梁（今开封）"有川饭店，则有插肉面、大燠面、大小抹肉、淘煎燠肉、杂煎事件、生熟烧饭"。

　　元、明、清建都北京后，随着入川官吏增多，大批北京厨师前往成都落户，经营饮食业，使川菜又得到进一步发展，逐渐成为我国的主要地方菜系。明末清初，川菜用辣椒调味，使巴蜀时期就形成的"尚滋味"、"好香辛"的调味传统，进一步有所发展。清乾隆年间，四川罗江著名文人李调元在其《函海·醒园录》中就系统地搜集了川菜的38种烹调方法。

◎川菜的特点

百菜百味

　　川菜以味为本，以养为目的，注重调味。在我国各大菜系中，川菜最讲究调味，其味由"咸、甜、酸、鲜、辣、麻、香、苦"八种基本味组成，所有的菜肴口味都由这八种单一味构成，这些味经组合、交叉、兼并、变换，可以吃出无数变化的味道来。味是川菜的灵魂，变化多端，博大精深，始终贯穿在川菜的整个发展变化过程中。

一菜一格

　　一道菜一种风格，是川菜的又一特色。川菜烹制善于根据原料的性质、季节气候和食者的喜好来灵活掌握。川菜常见的烹调方法有炒、爆、熘、煸、炝、炸、煎、烤、烘、烧、煮、炖、焖、煨、烩、汆、烫、冲、蒸、腌、拌、卤、熏、泡、渍、冻、糟等几十种大类，每种大类还可细分为几种小类，如炒又分为滑炒、软炒、生炒和熟炒，烧又分为红烧、白烧和干烧，每种炒、烧法的工艺和成菜风味又截然不同，这就造就了川菜的"一菜一格"。

麻辣

在川菜的所有味型中，麻味和辣味的调制及运用是做得最好的，有人形容川菜的麻、辣两味是"舌尖上的舞蹈"，因在诸味之中，麻、辣是最为强烈、最为刺激的味了，其他的味都要退避三舍。

◎川菜的口味

麻辣味

麻辣味为川菜的基本调味之一。主要原料为川盐、白酱油、红油（或辣椒末）、花椒末、味精、白糖、香油、豆豉等。烹调热菜时，先将豆豉入锅，撒上花椒末即成。此味适用于"麻婆豆腐"等菜肴。

椒麻味

椒麻味为川菜冷菜复合调味之一。以川盐、花椒、白酱油、葱花、白糖、味精、香油为原料。先将花椒研为细末，葱花剁碎，再与其他调味品调匀即成。此味重用花椒，突出椒麻味，并用香油辅助，使之麻辣清香，风味幽雅，适合四季拌凉菜用。

煳辣味

煳辣味的调制方法是热锅下油烧热，放入干红辣椒节、花椒爆香，调入川盐、酱油、醋、白糖、姜、葱、蒜、味精、料酒，用大火调匀即成。干红辣椒节火候不到或火候过头都会影响煳辣味的产生，因此要特别留心。

酸辣味

酸辣味以川盐、醋、胡椒粉、味精、料酒等调制而成。调制酸辣味，须掌握以咸味为基础、酸味为主体、辣味助风味的原则。在制作冷菜的酸辣味的过程中，应注意不放胡椒，而用红油或豆瓣。

红油味

红油味为川菜冷菜复合调味之一。以川盐、红油（辣椒油）、白酱油、白糖、味精、香油、红酱油为原料。其调制方法是先将川盐、白酱油、红酱油、白糖、味精和匀，待溶化，兑入红油、香油即成。

蒜泥味

蒜泥味为冷菜复合调味之一。以食盐、蒜泥、红白酱油、白糖、红油、味精、香油为原料，重用蒜泥，突出辣香味，使蒜香味浓郁，鲜、咸、香、辣、甜五味调和，适合春夏拌凉菜用。

芥末味

芥末味是冷菜复合调味之一。以食盐、白酱油、芥末糊、香油、味精、醋为原料。先将其他调料拌入，兑入芥末糊，最后淋以香油即成。此味咸、鲜、酸、香、冲兼而有之，爽口解腻，颇有风味，适合调下酒菜。

椒盐味

椒盐味主要原料为花椒、食盐。其调制方法是先将食盐炒熟，花椒焙熟研细末，以一成盐、二成花椒配比而成。适用于软炸和酥炸类菜肴。

鱼香味

鱼香味为川菜的特殊风味。原料为川盐、泡鱼辣椒或泡红辣椒、姜、葱、蒜、白酱油、白糖、醋、味精。调制时，盐与原料码芡上味，使原料有一定的咸味基础；白酱油和味提鲜，泡鱼辣椒带鲜辣味，突出鱼香味；姜、葱、蒜增香、压异味，用量以成菜后香味突出为准。

五香味

五香味通常以沙姜、八角、丁香、小茴香、甘草、沙头、老蔻、肉桂、草果、花椒为原料，这种味型的特点是浓香咸鲜，冷、热菜式都能广泛使用。其调制方法是将上述香料加盐、料酒、老姜、葱及水制成卤水，再用卤水来卤制菜肴。

麻酱味

麻酱味为冷拌菜肴复合调味之一。主要原料为盐、白酱油、白糖、芝麻酱、味精、香油等。此味主要突出芝麻酱的香味，故盐与酱油用量要适当，味精用量宜大，以提高鲜味。

怪味

怪味又名"异味"，因诸味兼有、制法考究而得名。以川盐、酱油、味精、芝麻酱、白糖、醋、香油、红油、花椒末、熟芝麻为原料。先将盐、白糖在红白酱油内溶化，再与味精、香油、花椒末、芝麻酱、红油、熟芝麻充分调匀即成。

好调料才能调出好味道

川菜的调料在川菜菜肴的制作中起着至关重要的作用，也是制作麻辣、鱼香等味型菜肴必不可少的佐料。川菜常用的调料很多，可以根据不同菜的口味特点选用不同的调料，让菜的口味更独特。

◎胡椒

胡椒辛辣中带有芳香，有特殊的辛辣刺激味和强烈的香气，有除腥解膻、解油腻、助消化、增添香味、防腐和抗氧化作用，能增进食欲，可解鱼虾蟹肉的毒素。胡椒分黑胡椒和白胡椒两种。黑胡椒辣味较重，香中带辣、散寒、健胃功能更强，多用于烹制内脏、海鲜类菜肴。

◎花椒

花椒果皮含辛辣挥发油等，辣味主要来自山椒素。花椒有温中气、减少膻腥气、助暖作用，且能去毒。

烹肉时，最宜多放花椒，牛肉、羊肉、狗肉更应多放；清蒸鱼和干炸鱼，放点花椒可去腥味；腌榨菜、泡菜，放点花椒可以提高风味；煮五香豆腐干、花生、蚕豆和黄豆等，用些花椒，味更鲜美。

花椒在咸鲜味菜肴中运用比较多，一是用于原料的先期码味、腌渍，起去腥、去异味的作用；二是在烹调中加入花椒，起避腥、除异、和味的作用。

◎七星椒

七星椒是朝天椒的一种，属于簇生椒，产于四川威远、内江、自贡等地。七星椒皮薄肉厚、辣味醇厚，比子弹头辣椒更辣，可以制作泡菜、干辣椒、辣椒粉、糍粑辣椒、辣椒油等。

◎干辣椒

干辣椒是用新鲜辣椒晾晒而成的，外表呈鲜红色或棕红色，有光泽，内有籽。干辣椒气味特殊，辛辣如灼。川菜调味使用干辣椒的原则是辣而不燥。成都及其附近所产的二荆条辣椒和威远的七星椒，皆属此类品种，为辣椒中的上品。干辣椒可切节使用，也可磨粉使用。

干辣椒节主要用于煳辣味的菜肴，如炝莲白、炝黄瓜等菜肴。使用辣椒粉的常用方法有两种，一是直接入菜，如宫保鸡丁就要用辣椒粉，起到增色的作用；二是制红油辣椒，作红油、麻辣等口味的调味品，广泛用于冷热菜式，如红油笋片、红油皮扎丝、麻辣鸡、麻辣豆腐等菜肴的调味。

◎泡椒

在川菜调味中起重要作用的泡辣椒，它是用新鲜的红辣椒泡制而成的。由于泡辣椒在泡制过程中产生了乳酸，所以用于烹制菜肴，就会使菜肴具有独特的香气和味道。

◎冬菜

冬菜是四川的著名特产之一，主产自南充、资中等市，是用青菜的嫩尖部分，加上盐、香料等调料装坛密封，经数年腌制而成的。

冬菜以南充生产的顺庆冬尖和资中生产的细嫩冬尖为上品，有色黑发亮、细嫩清香、味道鲜美的特点。冬菜既是烹制川菜的重要辅料，也是重要的调味品。在菜肴中作辅料的有冬尖肉丝、冬菜肉末等，既作辅料又作调味品的有冬菜肉丝汤等菜肴，均为川菜中的佳品。

◎豆瓣酱

川菜常用的是郫县豆瓣酱和金钩豆瓣两种豆瓣酱。

郫县豆瓣以鲜辣椒、上等蚕豆、面粉和调味料酿制而成，以四川郫县豆瓣厂生产的为佳。这种豆瓣色泽红褐、油润光亮、味鲜辣、瓣粒酥脆，并有浓烈的酱香和清香味，是烹制麻辣味的主要调味品。烹制时，一般都要将其剁细使用，如豆瓣鱼、回锅肉、干煸鳝鱼等所用的郫县豆瓣，都是先剁细的。

还有一种以蘸食为主的豆瓣，即以重庆酿造厂生产的金钩豆瓣酱为佳。它是以蚕豆为主，金钩（四川对干虾仁的称呼）、香油等为辅酿制的。这种豆瓣酱呈深棕褐色，光亮油润，味鲜回甜，咸淡适口，略带辣味，醇香浓郁。金钩豆瓣是清炖牛肉汤、清炖牛尾汤等的最佳蘸料。此外，烹制火锅也离不开豆瓣酱，调制酱料也要用豆瓣酱。

◎陈皮

陈皮亦称"橘皮"，是用成熟了的橘子皮阴干或晒干制成的。

陈皮呈鲜橙红色、黄棕色或棕褐色，质脆，易折断，以皮薄而大，色红，香气浓郁者为佳。在川菜中，陈皮味型就是以陈皮为主要的调味品调制的，是川菜常用的味型之一。陈皮在冷菜中运用广泛，如陈皮兔丁、陈皮牛肉、陈皮鸡等。

此外，由于陈皮和沙姜、八角、丁香、小茴香、桂皮、草果、老蔻、砂仁等原料一样，都有各自独特的芳香气，所以，它们都是调制五香味型的调味品，一般多用于烹制动物性原料和豆制品原料的菜肴，如五香牛肉、五香鳝段、五香豆腐干等，四季皆宜，佐酒下饭均可。

川菜味汁这么做

川菜具有多种独特的味型，日常生活中想要更方便地体验川菜之味，可以尝试制作川菜味汁。将酸、甜、麻、辣、咸五种味巧妙地调和在一起，就可以调和出让你大吃一惊的口味，满足你不同心情时的不同需求，一起来试试吧！

◎ 椒麻味汁

【配方】（配制15份菜）：花椒30克（去籽），小葱150克，香醋30毫升，白酱油150毫升（如用盐可加少量凉开水将盐化开），味精15克，小麻油30毫升，色拉油50毫升。

【制法】将花椒斩成粉末，小葱切末后与花椒粉同斩成茸，然后加入以上调料拌匀即成。

【配制说明】此味汁多用于动物性凉菜的拌制调味，其干炸制品的凉菜则用于味碟。味型特点是麻、香、咸鲜。

◎ 鱼香味汁

【配方】（配制15份菜）：姜末50克，葱白50克，泡红椒末50克、蒜泥50克，精盐15克，白糖20克，香醋30毫升，生抽50毫升，味精30克，红油100毫升，小麻油50毫升。

【制法】将以上调料拌和均匀后再加入白煮的凉菜中，如熟鸡片、肚片、毛肚、白肉丝等。

【配制说明】鱼香味型咸鲜、酸辣、回甜，并要重点突出姜葱味。

◎ 怪味味汁

【配方】（配制30份菜）：白酱油300毫升，姜茸30克，蒜茸30克，花椒粉10克，白糖15克，香醋75毫升，葱白30克，芝麻酱50克，味精20克，十三香粉（或五香粉）10克，小麻油75毫升，料酒50毫升，红油100毫升。

【制法】将以上调料加开水250克调匀即成。此汁可直接浇淋凉拌菜，也可拌制凉菜。

【配制说明】此配方有去腥、解腻、提味的作用，多适用于鸡、鸭、野味类卤制品的调味。此味型可将原料在锅中收汁，如肚丁、鸭丁、口条丁、牛肉丁等。味型咸甜、麻辣、酸香兼备。

◎ 麻酱味汁

【配方】（配制15份菜）：芝麻酱100克，精盐15克，味精15克，白糖10克，蒜泥15克，五香粉5克，色拉油50毫升，小麻油50毫升。

【制法】先将芝麻酱用色拉油调开，再将以上调料加入调匀即成。

【配制说明】此配方常用于拌白肉、拌鸡丝、拌白肚、口条等腥味较小的动物性卤制品调味。味型特点是酱香、咸鲜。

◎酸辣味汁

【配方】（配制20份菜）：野山椒2瓶，白醋100毫升，精盐20克，味精15克，小麻油50毫升。

【制法】将野山椒同辣水用搅拌机打成茸，再加入以上调料及凉开水500毫升调拌均匀后入容器，并淋入麻油即成。

【配制说明】此配方常用于酸辣白肚丝，酸辣卤牛肉，酸辣白鸡等凉菜调味之用。

◎咸鲜味汁

【配方】（配制20份菜）：生抽500毫升，味精20克，姜末 30克，碎八角15克，碎花椒5克，料酒50毫升，白糖10克，色拉油50毫升，小麻油50毫升，葱白30克。

【制法】将以上调料加清汤或开水250克调拌均匀后浸泡15分钟即成。如用老抽只需50克左右，另要多加约500克水或汤汁兑成。

【配制说明】此味水多用于肉类、鸡鸭及脏脏卤制凉菜的调味，如果浇淋白肚、白鸡之类凉菜，即可用白酱油调制而成，亦称"白汁味"。

◎香糟味汁

【配方】（配制10~15份菜）：福建红糟100克，绍酒100毫升，精盐20克，味精20克，花椒末5克，姜末10克，葱白末20克，白糖10克。

【制法】将以上调料加鲜汤200克在锅中烧开，盛出晾凉。

【配制说明】此配方可直接浇入切好的凉菜中，如果为整块白鸡、白肉等，可将原料用此味汁浸泡入味后再解刀装盘。浸泡原料的味汁，可将花椒、姜、葱等整块放入。

◎椒麻味汁

【配方】（配制15份菜）：花椒30克，小葱150克，香醋30毫升，白酱油150毫升，味精15克，小麻油30毫升，色拉油50毫升。

【制法】将花椒斩成粉末，小葱切末后与花椒粉同斩成茸，然后加入以上调料拌匀。

【配制说明】此味汁多用于动物性凉菜的拌制调味，其干炸制品的凉菜则用于味碟。味型特点是麻、香、咸鲜。

食材处理露一手

　　想要烹饪色香味都满分的川菜当然还得练练基本功，否则就会面对这一尴尬的局面——如此丰富多彩的食材，却不知道该如何下手！好的食材来之不易，正确的食材处理是我们能更好地烹制川菜的首要前提。本节主要介绍川菜常用的食材及其清洗和刀工方法，让你做起川菜来更加得心应手！

猪肉的清洗和刀工

猪肉清洗法

❶ 猪肉放入碗中，倒入适量的淘米水。

❷ 用手抓洗猪肉。

❸ 再用清水冲洗干净即可。

猪肉刀工法

❶ 取一块猪肉放在砧板上，先切成小块。

❷ 将猪肉块再切成薄片。

❸ 把切好的猪肉片装入盘中即可。

猪腰的清洗和刀工

猪腰清洗法

❶ 将猪腰剖开剔除筋膜，切花刀，用清水冲洗几遍。

❷ 猪腰放在碗中，加适量料酒，揉搓一会儿。

❸ 用清水冲洗干净即可。

猪腰刀工法

❶ 取一个洗净的猪腰，用平刀切成两半。

❷ 切除白色筋膜，用斜刀切成薄片。

❸ 将切好的猪腰装入备好的盘中即可。

牛肉的刀工

牛肉刀工法

❶ 取一块洗净的牛肉，用刀切大片。

❷ 再将牛肉片切成条。

❸ 将牛肉条堆放整齐，切成丁即可。

羊肉的清洗和刀工

羊肉清洗法

❶ 羊肉放入清水中，加少许米醋，浸泡15分钟左右。

❷ 用手清洗羊肉，再将羊肉冲洗干净。

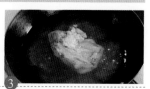
❸ 将羊肉放入沸水中氽烫一会儿后捞出。

羊肉刀工法

❶ 取一块洗净的羊肉，从中间切开，一分为二。

❷ 用平刀将羊肉依次片成均匀的片。

❸ 将片好的羊肉装入备好的盘中即可。

鸭肉的清洗和刀工

鸭肉清洗法

❶ 将鸭子收拾干净，放入清水中洗去血污。

❷ 将鸭子放入清水中，放几片姜，浸泡15分钟。

❸ 把鸭子放入沸水中氽烫一会儿后捞出即可。

鸭肉刀工法

❶ 取洗净的鸭腿，用直刀切成块。

❷ 将余下的鸭腿切成均匀的块状。

❸ 把切好的鸭肉装入备好的盘中即可。

草鱼的刀工

草鱼刀工法

❶ 取一块洗净的草鱼肉，用刀从中间对半切开。

❷ 将两块鱼肉摆放整齐，切成块状。

❸ 将剩下的鱼肉依此切成均匀的块状。

虾的清洗和刀工

虾清洗法

❶ 剪去虾须、虾脚、尾尖，虾背部切一刀。

❷ 用牙签挑去虾线。

❸ 用清水将虾冲洗干净，沥去水分即可。

虾刀工法

❶ 用手掐掉虾头，然后再剥去虾壳。

❷ 将虾的尾巴掐掉。

❸ 将虾背切开即可。

鱿鱼的清洗和刀工

鱿鱼清洗法

❶ 将鱿鱼洗净，取出内脏，放一旁备用。

❷ 剥开鱿鱼的外皮，取肉，冲洗干净。

❸ 剪去头部相连的内脏，去眼睛、外皮，洗净即可。

鱿鱼刀工法

❶ 取鱿鱼筒纵切一刀，上层切断，下层不切断。

❷ 鱿鱼肉铺展，从中间切一刀，切去内壁的黏膜。

❸ 从一端斜打一字刀，再相反方向斜打一字刀。

菠菜的刀工

菠菜刀工法

❶ 将处理好的菠菜放在砧板上，把根部切除。

❷ 再将菠菜切成5~6厘米长的段。

❸ 将切好的菠菜装入备好的盘中即可。

木耳的清洗和刀工

木耳清洗法

❶ 取一盆温水，将木耳放入水中。

❷ 加入适量淀粉，浸泡15分钟左右。

❸ 用手搓洗木耳，冲洗干净，沥干水分即可。

木耳刀工法

❶ 取木耳去蒂，切成宽条。

❷ 将木耳摆放整齐，用直刀法切小片。

❸ 将切好的木耳装入备好的盘中即可。

豆腐的清洗和刀工

豆腐清洗法

❶ 用细水流将豆腐轻轻粗洗一遍。

❷ 取一盆清水，将豆腐放入其中。

❸ 浸泡15分钟左右，将苦味泡出来即可。

豆腐刀工法

❶ 取一块豆腐切大块，将一端切平整。

❷ 将豆腐切成长块。

❸ 将豆腐摆放整齐，用直刀法切块状即可。

PART 2
麻辣
川菜

　　麻！辣！即使吃到眼泪直流，还在继续"埋头苦干"，川菜以其独有的魅力俘获每一个"怕不辣"人的心。

　　本章主要介绍川菜的烹饪方法，包括素菜类、畜肉类、禽蛋类、水产类食材的烹饪方法，学会了川菜烹饪，不仅能让自己大饱口福，还能让家人和朋友充分感受自己的热情和关爱。

素菜类

铁板花菜

口味：香辣　烹饪方法：炒

原料

花菜300克，红椒15克，香菜20克，蒜末、干辣椒、葱段各少许

调料

盐3克，鸡粉2克，料酒5毫升，生抽4毫升，辣椒酱10克，水淀粉、食用油各适量

做法

①洗净的红椒、香菜切小段；洗净的花菜切小朵后焯水。

②蒜末、干辣椒、葱段入油锅爆香，放入红椒、花菜炒匀。

③加入料酒、生抽、鸡粉、盐、辣椒酱，炒匀。

④倒入少许清水，翻炒匀。

⑤略煮一会儿，至食材熟透，倒入适量水淀粉。

⑥炒匀，取预热的铁板，盛入锅中食材，放入香菜即可。

①洗净去皮的土豆切丝；洗好的红椒、青椒切丝。

②用油起锅，放入蒜末、葱段，爆香。

③倒入土豆丝、青椒丝、红椒丝，快速翻炒均匀。

④加入豆瓣酱、盐、鸡粉，再放入白糖、陈醋。

⑤炒匀，盛出炒好的土豆丝，装盘即可。

鱼香土豆丝

▌口味：鱼香 　▌烹饪方法：炒

🌶 **原料**

土豆200克，青椒40克，红椒40克，葱段、蒜末各少许

🍲 **调料**

豆瓣酱15克，陈醋6毫升，白糖2克，盐、鸡粉、食用油各适量

制作指导：

土豆要炒熟透后才能食用，以免对身体不利。

做法

① 洗净的青椒切段；洗好的青茄子切条，备用。

② 油锅烧热，倒入茄子炸至微黄色，捞出。

③ 干辣椒、蒜末、葱段入油锅爆香，倒入青椒段、青茄子。

④ 加生抽、豆瓣酱、盐、鸡粉、辣椒油。

⑤ 翻炒片刻，盛出，装入盘中，撒上葱花即可。

干煸茄丝

口味：香辣　　烹饪方法：炒

原料

青茄子350克，青椒45克，蒜末、干辣椒、葱段、葱花各少许

调料

生抽5毫升，豆瓣酱15克，盐2克，鸡粉2克，辣椒油4毫升，食用油适量

制作指导：

茄条最好切得大小一致，这样不仅口感更好，而且外形更美观。

捣茄子

▌口味：酸辣　▌烹饪方法：拌

🌶 原料

茄子200克，青椒40克，红椒45克，蒜末、葱花各少许

🍲 调料

生抽8毫升，番茄酱15克，陈醋5毫升，芝麻油、盐、食用油各适量

制作指导：

可以将辣椒的籽去除干净，以免味道过辣。

🍴 做法

❶洗好的茄子去皮，切条；青椒、红椒切去蒂。

❷锅中加油烧热，放入青椒、红椒炸至虎皮状，捞出。

❸蒸锅上火烧开，放入茄子蒸15分钟，取出蒸盘。

❹将青椒、红椒、茄子、蒜末装碗，用木臼棒将其捣碎。

❺加生抽、盐、番茄酱、陈醋、芝麻油拌匀即可。

做法

①洗净去皮的茄子切条；洗好的小米椒切圈，备用。

②油烧热，倒入茄条，炸约1分钟捞出，沥干油，待用。

③油烧热，放入蒜末爆香，放小米椒，加清水、生抽。

④加盐、鸡粉、白糖、陈醋拌匀略煮，制成味汁待用。

⑤取盘子，放入茄条，加味汁、葱花，淋入热油即成。

油泼茄子

■口味：清淡 ■烹饪方法：炸

🌶 原料

茄子120克，小米椒15克，蒜末、葱花各少许

🍲 调料

盐、白糖各2克，鸡粉少许，生抽3毫升，陈醋8毫升，食用油适量

制作指导：

切好的茄子放入淡盐水中浸泡，在炸时可以少吸油。

臊子鱼鳞茄

口味：煳辣 | 烹饪方法：炒

🌶️ 原料

茄子120克，肉末45克，姜片、蒜末、葱花各少许

🍲 调料

盐3克，鸡粉少许，白糖2克，豆瓣酱6克，剁椒酱10克，生抽4毫升，陈醋6毫升，生粉、水淀粉、食用油各适量

🍴 做法

①将洗净的茄子切开，切上鱼鳞花刀。

②茄块装入盘中，均匀地撒上生粉，抹匀，静置片刻。

③油烧热，倒入茄块炸至呈金黄色捞出。

④油烧热，倒入肉末、蒜末、姜片、豆瓣酱、剁椒酱炒匀。

⑤注清水，淋生抽，倒入茄块，放鸡粉、盐、白糖。

⑥炒匀调味，略煮一会儿，至茄块变软。

⑦淋入陈醋，炒匀、炒透。

⑧倒入水淀粉炒至食材入味，装盘，点缀上葱花即成。

葱椒莴笋

口味：麻辣 | **烹饪方法：炒**

🌶 原料

莴笋200克，红椒30克，葱段、花椒、蒜末各少许

🍲 调料

盐4克，鸡粉2克，豆瓣酱10克，水淀粉8毫升，食用油适量

🍴 做法

①洗净去皮的莴笋用斜刀切成段，切片。

②洗好的红椒切开，去籽，再切成小块，备用。

③水烧开，倒入食用油、盐，放入莴笋片煮1分钟。

④捞出焯煮好的莴笋，沥干水分待用。

⑤用油起锅，放入红椒、葱段、蒜末、花椒，爆香。

⑥倒入焯过水的莴笋，快速翻炒均匀。

⑦加入豆瓣酱、盐、鸡粉，炒匀调味。

⑧淋入水淀粉，快速翻炒均匀，装入盘中即可。

❶将洗净去皮的莴笋用斜刀切薄片，改切成细丝。

❷用油起锅，倒入蒜末，爆香。

❸放入莴笋丝，炒至断生。

❹加入盐、鸡粉，淋入辣椒油。

红油莴笋丝

 口味：红油 ▎烹饪方法：炒

🌶 **原料**

莴笋230克，蒜末少许

🍲 **调料**

盐1克，鸡粉2克，辣椒油7毫升，食用油适量

制作指导：

炒莴笋时要注意时间和火候，时间过长会让莴笋失去清脆的口感。

❺翻炒至食材入味，关火后盛出炒好的食材即可。

❶洗好的黄瓜切条；洗净的红椒切丝；泡椒去蒂，切开。

❷水烧开，加入少许食用油、黄瓜条，煮1分钟捞出。

❸姜片、蒜末、葱段、花椒爆香，倒入红椒丝、泡椒炒匀。

❹放入黄瓜条，加入白糖、辣椒油、盐，炒匀调味。

❺淋入白醋，翻炒匀使其入味，装入盘中即可。

川味酸辣黄瓜条

▌口味：酸辣　▌烹饪方法：炒

🌶 原料

黄瓜150克，红椒40克，泡椒15克，花椒3克，姜片、蒜末、葱段各少许

🍲 调料

白糖3克，辣椒油3毫升，盐2克，白醋4毫升，食用油适量

制作指导：

焯过水的黄瓜下锅炒制的时间不能太长，否则不够爽脆。

醋溜黄瓜

| 口味：酸辣 | 烹饪方法：炒

🌶 原料

黄瓜200克，彩椒45克，青椒25克，蒜末少许

🍲 调料

盐2克，白糖3克，白醋4毫升，水淀粉8毫升，食用油适量

🍴 做法

❶洗净的彩椒切开，去籽，切成小块。

❷洗好的青椒切开，去籽，切成小块。

❸洗净去皮的黄瓜切开，去籽，用斜刀切成小块，备用。

❹用油起锅，放入蒜末，爆香。

❺倒入切好的黄瓜，加入青椒块、彩椒块，炒至熟软。

❻放入盐、白糖、白醋炒匀调味。

❼淋入水淀粉。

❽翻炒均匀，关火后盛出炒好的食材，装入盘中即可。

✂ 做法

①将洗净的黄瓜切段，切成细条形，去除瓜瓤。

②用油起锅，倒入干辣椒、花椒，爆香。

③盛出热油，滤入小碗中，另备小碗，倒入鸡粉、盐、生抽。

④再加白糖、陈醋、辣椒油、热油、红椒圈拌匀，制成味汁。

⑤黄瓜条放入盘中，摆放整齐，把味汁浇在黄瓜上即可。

川辣黄瓜

▌口味：麻辣　　▌烹饪方法：拌

🌶 原料

黄瓜175克，红椒圈10克，干辣椒、花椒各少许

🍲 调料

鸡粉2克，盐2克，生抽4毫升，白糖2克，陈醋5毫升，辣椒油10毫升，食用油适量

制作指导：

黄瓜切好后，可用保鲜膜包好，放入冰箱冷藏10分钟，口感会更好。

川味烧萝卜

| 口味：麻辣 | 烹饪方法：煮

🌶️ 原料

白萝卜400克，红椒35克，白芝麻4克，干辣椒15克，花椒、蒜末、葱段各少许

🍲 调料

盐2克，鸡粉1克，豆瓣酱2克，生抽4毫升，水淀粉、食用油各适量

🍴 做法

① 将洗净去皮的白萝卜切条形。

② 洗好的红椒斜切成圈，备用。

③ 用油起锅，倒入花椒、干辣椒、蒜末，爆香。

④ 放入备好的白萝卜条炒匀。

⑤ 加豆瓣酱、生抽、盐、鸡粉炒软，注清水炒匀。

⑥ 盖上盖，烧开后用小火煮10分钟至食材入味。

⑦ 揭盖，放入红椒圈，炒至断生。

⑧ 用水淀粉勾芡，撒上葱段炒香，盛出，撒上白芝麻即可。

✕ 做法

❶处理好的萝卜干切成粒，备用。

❷洗好的青椒切开，去籽，切成条，改切成粒。

❸水烧开，倒入萝卜干，煮去多余的盐分捞出。

❹蒜末、葱段、青椒爆香，放入萝卜干，加豆瓣酱炒匀。

❺加入盐、鸡粉，炒匀调味，将炒好的食材盛出即可。

萝卜干炒青椒

▌口味：鲜 ▌烹饪方法：炒

🥄 原料

萝卜干200克，青椒80克，蒜末、葱段各少许

🍲 调料

鸡粉2克，豆瓣酱15克，盐、食用油各适量

制作指导：

萝卜干焯水时间不要太久，以免影响口感。

❶ 洗净的红椒、青椒切粒；洗净去皮的山药切条。

❷ 水烧开，放入白醋、盐、山药，煮1分钟，捞出山药。

❸ 豆豉、葱段、蒜末爆香，放红椒、青椒、豆瓣酱炒匀。

❹ 放入焯过水的山药条，快速翻炒均匀。

豉香山药条

▌口味：香辣 ▌烹饪方法：炒

🌶 原料

山药350克，青椒25克，红椒20克，豆豉45克，蒜末、葱段各少许

🍲 调料

盐3克，鸡粉2克，豆瓣酱10克，白醋8毫升，食用油适量

制作指导：

山药遇到空气会氧化变黑，因此山药切好后要立刻炒制。

❺ 加盐、鸡粉，翻炒片刻，关火后盛出装盘即可。

✄ 做法

❶将洗好的红尖椒切小段；去皮洗净的山药切滚刀块。

❷用油起锅，倒入猪肉末，加姜片、蒜末、豆瓣酱炒匀。

❸倒入切好的红尖椒，放入山药块，炒匀炒透。

❹淋入料酒，注清水煮沸，淋上花椒油，加鸡粉拌匀。

❺转中火煮约5分钟，用水淀粉勾芡，装盘即可。

麻婆山药

▌口味：麻辣　▌烹饪方法：炒

🌶 原料

山药160克，红尖椒10克，猪肉末50克，姜片、蒜末各少许

🍲 调料

豆瓣酱15克，鸡粉少许，料酒4毫升，水淀粉、花椒油、食用油各适量

制作指导：

煮山药的时间可长一些，这样菜肴的口感会更好。

肉末芽菜煸豆角

| 口味：鲜 | 烹饪方法：炒

🌶️ 原料

肉末300克，豆角150克，芽菜120克，红椒20克，蒜末少许

🍲 调料

盐2克，鸡粉2克，豆瓣酱10克，生抽、食用油各适量

🍴 做法

①洗净的豆角切成小段；洗好的红椒切成小块。

②锅中注入适量清水烧开，加入少许食用油、盐。

③倒入豆角段，搅散，煮半分钟至其断生，捞出。

④用油起锅，倒入肉末炒至变色，加入生抽略炒。

⑤放入豆瓣酱，炒匀，加入蒜末炒香。

⑥倒入焯煮好的豆角、红椒，炒香。

⑦放入洗净的芽菜，用中火炒匀。

⑧加入盐、鸡粉，炒匀，关火后盛出装盘即可。

做法

① 洗净的豆角、酸豆角、泡小米椒切段；洗净的红椒切条。

② 豆角、酸豆角分别焯水后捞出，沥干水分，待用。

③ 肉末入油锅炒匀，倒入蒜末、姜末、葱花、泡小米椒炒匀。

④ 放剁椒酱，注入清水，倒入焯过水的材料，撒上红椒条。

⑤ 加料酒、盐、鸡粉、水淀粉炒至食材熟透，装盘即成。

鸳鸯豆角

■ 口味：酸辣   ■ 烹饪方法：炒

原料

豆角120克，酸豆角100克，肉末35克，剁椒酱15克，红椒20克，泡小米椒12克，蒜末、姜末、葱花各少许

调料

盐2克，鸡粉少许，料酒4毫升，水淀粉、食用油各适量

制作指导：

焯煮豆角时，可淋入少许食用油，这样豆角的色泽更鲜丽。

❶将洗净的四季豆切成长段。

❷油烧热，放入四季豆炸2分钟，捞出沥干油备用。

❸锅底留油烧热，倒入肉末炒匀，加料酒、生抽，炒匀。

❹放入炸好的四季豆，炒匀。

肉末干煸四季豆

▌口味：鲜 ▌烹饪方法：炒

🌶 原料

四季豆170克，肉末80克

🍲 调料

盐2克，鸡粉2克，料酒5毫升，生抽、食用油各适量

制作指导：

四季豆的丝要清除干净，否则会影响口感，还不易消化。

❺加盐、鸡粉调味，关火后盛出炒好的菜肴，装盘即可。

酸辣魔芋烧笋丝

▌口味：酸辣 ▌烹饪方法：焖

🌶 原料

魔芋豆腐260克，竹笋60克，剁椒30克，彩椒10克，葱花、蒜末各少许

🍲 调料

盐3克，鸡粉少许，生抽4毫升，料酒6毫升，陈醋8毫升，水淀粉、辣椒油、食用油各适量

🍴 做法

❶ 洗好的魔芋豆腐、竹笋切条；洗好的彩椒切丝。

❷ 水烧开，倒入竹笋条、料酒，煮4分钟后捞出沥水。

❸ 沸水锅中倒入魔芋豆腐，煮至断生后捞出，待用。

❹ 用油起锅，撒上蒜末爆香，加入剁椒。

❺ 注入清水，大火略煮，倒入魔芋豆腐、竹笋翻炒匀。

❻ 淋入料酒，加盐、鸡粉、生抽炒匀，盖上盖焖12分钟。

❼ 倒入彩椒丝，淋陈醋炒匀，用水淀粉勾芡，淋入辣椒油。

❽ 用中火翻炒一会儿，装入盘中，点缀上葱花即可。

❶摘洗好的刀豆切成块待用。

❷水烧开，倒入刀豆，加盐、食用油，煮至断生捞出。

❸蒜末、干辣椒入油锅爆香，倒入豆豉、豆瓣酱炒匀。

❹放入辣椒酱、刀豆炒匀，淋入清水，加入鸡粉、水淀粉。

❺快速翻炒片刻，使食材入味至熟，关火，盛出装盘即可。

豉椒酱刀豆

▋口味：麻酱 ▋烹饪方法：炒

🌶 原料

刀豆200克，干辣椒5克，豆豉5克，蒜末少许

🍲 调料

豆瓣酱10克，辣椒酱10克，鸡粉2克，水淀粉4毫升，食用油适量

制作指导：

刀豆焯水的时间不宜过长，以免影响口感。

✂ 做法

❶将洗净的米凉粉切片，再切粗丝。

❷取一小碗，撒上蒜末，加入盐、鸡粉、白糖。

❸淋入生抽，撒上胡椒粉，注入芝麻油。

❹再加入花椒油、陈醋、辣椒油，搅拌融合，制成味汁。

❺取一盘，放入米凉粉，浇上味汁，撒上葱花即可。

香辣米凉粉

 口味：香辣 ▌烹饪方法：拌

🌶 原料

米凉粉350克，蒜末、葱花各少许

🍲 调料

盐、鸡粉各2克，白糖、胡椒粉各少许，生抽6毫升，花椒油7毫升，陈醋15毫升，芝麻油、辣椒油各适量

制作指导：

食用时可加入少许豆豉酱拌匀，口感更佳。

干煸藕条

| 口味：麻辣 | 烹饪方法：炒 |

原料

莲藕230克，玉米淀粉60克，葱丝、红椒丝、干辣椒、花椒各适量，白芝麻、姜片、蒜头各少许

调料

盐2克，鸡粉少许，食用油适量

做法

❶将去皮洗净的莲藕切开，改切片，再切条形。

❷取备好的玉米淀粉，滚在藕条上，腌渍一小会，待用。

❸热锅注油，烧至四成热，放入藕条，搅拌匀。

❹用中小火炸约2分钟，再捞出材料，沥干油，待用。

❺用油起锅，倒入干辣椒、花椒，放入姜片、蒜头爆香。

❻倒入炸好的藕条，炒匀，加盐、鸡粉炒匀调味。

❼关火后盛出炒好的菜肴，装在盘中。

❽撒上熟白芝麻，点缀上备好的葱丝、红椒丝即成。

① 洗净去皮的莲藕切开，再切成藕片。

② 水烧开，淋入白醋，倒入藕片煮至断生捞出。

③ 用油起锅，倒入姜片、蒜末爆香，倒入藕片炒匀。

④ 加陈醋、辣椒油、盐、鸡粉、生抽、水淀粉炒匀。

⑤ 撒上葱花，炒出葱香味，装盘即可。

✖️ 做法

辣油藕片

▮ 口味：酸辣　　▮ 烹饪方法：炒

🌶️ 原料

莲藕350克，姜片适量，蒜末、葱花各少许

🍲 调料

白醋7毫升，陈醋10毫升，辣椒油8毫升，盐2克，鸡粉2克，生抽4毫升，水淀粉4毫升，食用油适量

制作指导：

藕片切好后可以放在淡盐水里泡一会儿，口感会更爽脆。

鱼香金针菇

口味：鱼香　　烹饪方法：炒

原料

金针菇120克，胡萝卜150克，红椒30克，青椒、姜片、蒜末、葱段各少许

调料

盐2克，鸡粉2克，豆瓣酱15克，白糖3克，陈醋10毫升，食用油适量

做法

❶胡萝卜、青椒、红椒洗净，切丝。

❷洗好的金针菇切去老茎，备用。

❸用油起锅，放入姜片、蒜末。

❹倒入胡萝卜丝，快速翻炒匀。

❺放入金针菇，加入切好的青椒、红椒，翻炒均匀。

❻放入豆瓣酱、盐、鸡粉、白糖调味，淋入陈醋。

❼快速翻炒片刻，至食材入味。

❽关火后盛出炒好的食材，装盘撒上葱段即可。

干锅茶树菇

| 口味：五香 | 烹饪方法：炒

🌶 原料

茶树菇120克，芹菜60克，白菜叶40克，红椒、青椒、干辣椒、花椒、八角、香叶、沙姜、草果、蒜末、姜末各适量

🍲 调料

盐、鸡粉各2克，生抽3毫升，食用油适量

🍴 做法

①洗净的青椒、红椒切粗丝；洗净的芹菜切长段。

②油烧热，倒入洗净的茶树菇炸1分钟，捞出沥干油，待用。

③姜末、蒜末爆香，放入青椒丝、红椒丝、芹菜段炒软。

④倒入炸过的茶树菇，炒匀，加入盐、鸡粉、生抽。

⑤翻炒一会儿至食材入味，关火后盛出炒好的材料。

⑥干辣椒、花椒、八角、香叶、沙姜、草果入油锅爆香。

⑦放入白菜叶铺开，再倒入炒过的材料，摆放好。

⑧盖上锅盖，用小火焖约2分钟，取下干锅即可。

❶洗净的猴头菇撕成小片；芹菜切长段；红椒、青椒切片。

❷猴头菇片焯水后，用盐、生抽、料酒、胡椒粉、生粉裹匀。

❸猴头菇入油锅炸2分钟捞出后，锅底留油，放入干辣椒爆香。

❹倒入青椒片、红椒片、芹菜段炒匀，注清水略煮。

❺加盐、鸡粉、生抽、猴头菇、水淀粉炒至入味即成。

吉祥猴菇

▌口味：香辣 　▌烹饪方法：炒

🌶 原料

水发猴头菇120克，青椒35克，红椒25克，芹菜20克，干辣椒少许

🍲 调料

盐2克，鸡粉2克，胡椒粉少许，料酒4毫升，生抽5毫升，生粉、水淀粉、食用油各适量

制作指导：

腌渍猴头菇的时间可以长一些，这样食材会更入味。

做法

❶ 洗净的杏鲍菇切片；青椒、红椒切小块；茴香切小段。

❷ 水烧开，加盐、鸡粉略煮，倒杏鲍菇煮半分钟捞出。

❸ 姜片、蒜末、葱段爆香，放入青椒、红椒、杏鲍菇、料酒。

❹ 加生抽、鸡粉、盐、蚝油炒匀，注清水略煮。

❺ 放入水淀粉、茴香段炒匀，取石锅，盛入锅中食材即成。

石锅杏鲍菇

■ 口味：鲜　■ 烹饪方法：炒

🌶 原料

杏鲍菇60克，青椒20克，茴香15克，红椒10克，姜片、蒜末、葱段各少许

🍲 调料

盐、鸡粉各2克，蚝油6克，料酒4毫升，生抽5毫升，水淀粉、食用油各适量

制作指导：

杏鲍菇翻炒时会缩水变小，因此切片时不要切得过小。

红油拌杂菌

▌口味：红油　　▌烹饪方法：拌

🌶 原料

白玉菇50克，鲜香菇35克，杏鲍菇55克，平菇30克，蒜末、葱花各少许

🍲 调料

盐、鸡粉各2克，胡椒粉少许，料酒3毫升，生抽4毫升，辣椒油、花椒油各适量

制作指导：

焯煮食材时可以加入少许食用油，这样菜肴的口感更爽滑。

 做法

❶ 将洗净的香菇切小块；洗好的杏鲍菇切条形，备用。

❷ 水烧开，倒入杏鲍菇煮1分钟，放入香菇块、料酒。

❸ 倒入洗净的平菇、白玉菇煮至断生捞出，沥干水分，装入碗中。

❹ 加盐、生抽、鸡粉、胡椒粉、蒜末、辣椒油、花椒油。

❺ 拌匀，放入葱花，搅拌均匀至食材入味即成。

宫保豆腐

口味：香辣 **烹饪方法：炒**

🌶️ 原料

黄瓜200克，豆腐300克，红椒30克，酸笋100克，胡萝卜150克，水发花生米90克，姜片、蒜末、葱段、干辣椒各少许

🍲 调料

盐4克，鸡粉2克，豆瓣酱15克，生抽5毫升，辣椒油6毫升，陈醋5毫升，水淀粉4毫升，食用油适量

🍴 做法

❶洗净的黄瓜、胡萝卜、酸笋、红椒切丁；豆腐切方块。

❷水烧开，放盐、豆腐块，煮1分钟捞出，沥干水分。

❸将酸笋、胡萝卜倒入沸水煮1分钟捞出，沥干水分。

❹花生米倒入沸水锅中，煮半分钟捞出，沥干水分。

❺油烧至四成热，倒入花生米，滑油至微黄色捞出。

❻干辣椒、姜片、蒜末、葱段爆香，倒入红椒、黄瓜、酸笋。

❼加胡萝卜、豆腐、豆瓣酱、生抽、鸡粉、盐、辣椒油。

❽倒入陈醋、花生米、水淀粉翻炒至熟，装入盘中即可。

家常豆豉烧豆腐

▌口味：香辣　▌烹饪方法：炒

🌶 原料

豆腐450克，豆豉10克，蒜末、葱花各少许，彩椒25克

🍲 调料

盐3克，生抽4毫升，鸡粉2克，辣椒酱6克，水淀粉、食用油各适量

🍴 做法

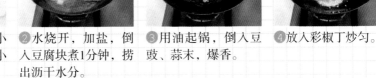

❶洗净的彩椒切成小丁；洗好的豆腐切小方块。

❷水烧开，加盐，倒入豆腐块煮1分钟，捞出沥干水分。

❸用油起锅，倒入豆豉、蒜末，爆香。

❹放入彩椒丁炒匀。

❺倒入豆腐块，注入适量清水拌匀。

❻加入盐、生抽、鸡粉、辣椒酱，拌匀调味。

❼用大火略煮一会儿，至食材入味。

❽倒入适量水淀粉拌匀，装入盘中，撒上葱花即可。

香辣铁板豆腐

| 口味：香辣 | 烹饪方法：炒

🌶 原料

豆腐500克，辣椒粉15克，蒜末、葱花、葱段各适量

🍲 调料

盐2克，鸡粉3克，豆瓣酱15克，生抽5毫升，水淀粉10毫升，食用油适量

🍴 做法

① 洗好的豆腐切厚片，再切条，改切成小方块。

② 热锅注油，烧至六成热，倒入豆腐炸至金黄色，捞出。

③ 锅底留油，倒入辣椒粉、蒜末，爆香。

④ 放入豆瓣酱，倒入适量清水，翻炒匀，煮至沸。

⑤ 加生抽、鸡粉、盐，放入豆腐，煮沸后再煮1分钟。

⑥ 倒入水淀粉，翻炒片刻，至食材入味。

⑦ 取烧热的铁板，淋入少许食用油，摆上葱段。

⑧ 盛出炒好的豆腐，装入铁板上，撒上葱花即可。

麻辣香干

▌口味：麻辣　▌烹饪方法：拌

🌶 **原料**

香干200克，红椒15克，葱花少许

🍲 **调料**

盐4克，鸡粉3克，生抽3毫升，食用油、辣椒油、花椒油各适量

制作指导：

香干不可煮太久，否则会影响成品的口感。

🍴 **做法**

❶洗净的香干切成条状；洗净的红椒切成丝状。

❷水烧开，加食用油、盐，倒入香干，煮2分钟捞出。

❸捞出的香干装碗，在装有香干的碗中加入红椒丝。

❹加盐、鸡粉，再倒入辣椒油，淋入花椒油，加生抽。

❺撒上准备好的葱花，用筷子拌匀，盛出装盘即可。

畜肉类

辣子肉丁

口味：麻辣　烹饪方法：炒

🌶 原料

猪瘦肉250克，莴笋丁200克，红椒段30克，花生米80克，干辣椒20克，姜片、蒜末、葱段各少许

🍲 调料

盐4克，鸡粉3克，料酒10毫升，水淀粉5毫升，辣椒油5毫升，食粉、食用油各适量

🍴 做法

①猪瘦肉切丁，用食粉、盐、鸡粉、水淀粉、食用油腌渍。

②莴笋丁、花生米焯水捞出；花生米、瘦肉丁分滑油后捞出。

③姜片、蒜末、葱段入油锅爆香，倒入红椒段、干辣椒炒香。

④放入焯过水的莴笋，翻炒片刻，倒入瘦肉丁炒匀。

⑤淋入辣椒油，放入盐、鸡粉，再加入料酒。

⑥淋入水淀粉、花生米继续翻炒，装入盘中即可。

魔芋烧肉片

口味：香辣　　烹饪方法：炒

原料

魔芋350克，猪瘦肉200克，泡椒20克，姜片、蒜末、葱花各少许

调料

盐、鸡粉各3克，豆瓣酱10克，料酒4毫升，生抽5毫升，水淀粉、食用油各适量

制作指导：

魔芋焯煮的时间可以长一些，这样能改善菜肴的口感。

❶ 将洗净的魔芋对半切片；洗好的猪瘦肉切薄片。

❷ 把肉片装碗，加盐、鸡粉、水淀粉、食用油拌匀，腌渍。

❸ 水烧开，加盐，放入魔芋片，煮半分钟，捞出。

❹ 油烧热，放入肉片、料酒，放入姜片、蒜末、泡椒、豆瓣酱。

❺ 加魔芋片、鸡粉、盐、生抽、水淀粉炒熟，撒上葱花即成。

✕ 做法

❶ 洗好的芹菜切成段；洗净的红椒切成条状。

❷ 锅中注水烧开，倒入腊肉，汆去盐分后捞出。

❸ 用油起锅，倒入腊肉，放入葱段、蒜末炒匀。

❹ 倒入红椒、芹菜，加辣椒油、盐、鸡粉、料酒提味。

❺ 倒入适量水淀粉，快速翻炒均匀，装入盘中即可。

芹菜腊肉

▮ 口味：鲜　▮ 烹饪方法：炒

🌶 原料

腊肉300克，芹菜100克，红椒30克，蒜末、葱段各少许

🍲 调料

盐2克，鸡粉2克，辣椒油2毫升，料酒8毫升，水淀粉8毫升，食用油适量

制作指导：

可以适量切些腊肉的肥油，放进去一同炒制会更香。

青椒肉丝

| 口味：香辣 | 烹饪方法：炒

原料

青椒50克，红椒15克，瘦肉150克，葱段、蒜片、姜丝各少许

调料

盐5克，水淀粉10毫升，味精3克，食粉3克，豆瓣酱3克，料酒3毫升，蚝油、食用油各适量

做法

① 将洗净的红椒、青椒切成丝；洗好的瘦肉切成丝。

② 肉片装碗，加食粉、盐、味精、水淀粉、食用油腌渍。

③ 热锅注油，烧至四成热，倒入肉丝，滑油至变色捞出。

④ 锅底留油，倒入姜丝、蒜片、葱段，大火爆香。

⑤ 倒入备好的青椒、红椒炒匀。

⑥ 倒入肉丝炒匀。

⑦ 加盐、味精、蚝油、料酒调味，再加入豆瓣酱炒匀。

⑧ 用水淀粉勾芡，炒匀出锅装盘即可。

香干回锅肉

▎口味：麻鲜　▎烹饪方法：炒

🌶 原料

五花肉300克，香干120克，青椒、红椒各20克，干辣椒、蒜末、葱段、姜片各少许

🍲 调料

盐2克，鸡粉2克，料酒4毫升，生抽5毫升，花椒油、辣椒油、豆瓣酱、食用油各适量

🍴 做法

①锅中注水烧热，倒入五花肉，煮10分钟，捞出。

②香干切片；洗净的青椒、红椒切小块；五花肉切薄片。

③油烧热，倒入香干炸香，捞出，沥干水分，待用。

④锅底留油，放入肉片，炒至出油，加生抽炒匀。

⑤倒入姜片、蒜末、葱段、干辣椒炒香，加豆瓣酱炒匀。

⑥倒入炸好的香干，炒匀。

⑦加入盐、鸡粉、料酒，炒熟。

⑧放入青椒、红椒、花椒油、辣椒油，炒至入味即可。

椒香肉片

▎口味：麻辣　▎烹饪方法：炒

🌶 原料

猪瘦肉200克，白菜150克，红椒15
克、桂皮、花椒、八角、干辣椒、姜
片、葱段、蒜末各少许

🍲 调料

生抽4毫升，豆瓣酱10克，鸡粉4克，
盐3克，陈醋7毫升，水淀粉8毫升，
食用油适量

制作指导：

白菜梗不易熟，可以先
将白菜梗入锅炒制。

❶洗好的红椒、白菜
切段；洗好的猪瘦肉
切成薄片。

❷猪肉片加盐、鸡
粉、水淀粉、食用油
拌匀，腌渍。

❸猪肉滑油捞出，锅
底留油，放入葱段、蒜
末、姜、红椒爆香。

❹倒入桂皮、花椒、
八角、干辣椒、白
菜、水、肉片炒匀。

❺加生抽、豆瓣酱、
鸡粉、盐、陈醋、水
淀粉炒匀即可。

✂ 做法

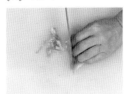

❶ 洗净的白菜切粗丝；香菜切段；猪瘦肉切细丝。

❷ 取一个大碗，放入白菜，待用。

❸ 用油起锅，倒入肉丝，倒入姜丝、葱丝，爆香。

❹ 加料酒、盐、生抽炒匀，装碗，再倒入香菜。

❺ 加入盐、鸡粉、白醋、芝麻油拌匀，盛入盘中即可。

香辣肉丝白菜

■ 口味：香辣　■ 烹饪方法：拌

🌶 原料

猪瘦肉60克，白菜85克，香菜20克，姜丝、葱丝各少许

🍴 调料

盐2克，生抽3毫升，鸡粉2克，白醋6毫升，芝麻油7毫升，料酒4毫升，食用油适量

制作指导：

将瘦肉冰冻一会儿再切细丝，更容易操作。

鱼香肉丝

| 口味：鱼香 | 烹饪方法：炒

🌶 原料

瘦肉150克，水发木耳40克，冬笋100克，胡萝卜70克，蒜末、姜片、蒜梗各少许

🍲 调料

盐3克，水淀粉10毫升，料酒5毫升，味精3克，生抽3毫升，食粉、食用油、生粉、陈醋、豆瓣酱各适量

🍴 做法

①洗好的木耳、胡萝卜、冬笋、瘦肉均切成丝。

②肉丝加盐、味精、食粉、生粉、食用油腌渍10分钟。

③水烧开，加盐，倒入胡萝卜、冬笋、木耳煮1分钟捞出。

④油烧至四成热，放入肉丝，滑油至白色即可捞出。

⑤锅底留油，倒入蒜末、姜片、蒜梗，大火爆香。

⑥倒入胡萝卜、冬笋、木耳炒匀，倒入肉丝，加料酒。

⑦再加入盐、味精、生抽、豆瓣酱、陈醋，炒匀调味。

⑧加入水淀粉快速拌炒匀，盛出即可。

水煮肉片千张

▌口味：香辣　▌烹饪方法：煮

原料

千张300克，泡小米椒30克，红椒40克，猪瘦肉250克，姜片、蒜末、干辣椒、葱花各少许

调料

盐4克，鸡粉5克，水淀粉4毫升，辣椒油4毫升，陈醋8毫升，生抽4毫升，豆瓣酱、食粉、食用油各适量

做法

❶千张切丝；泡小米椒切碎；红椒切粒；猪瘦肉切片。

❷瘦肉加食粉、盐、鸡粉、水淀粉、食用油拌匀，腌渍。

❸水烧开，倒入食用油、盐、鸡粉、千张，略煮捞出。

❹姜片、蒜末、红椒、泡小米椒爆香，加豆瓣酱炒匀。

❺倒入适量清水，淋入辣椒油、陈醋、生抽搅匀。

❻再加入少许盐、鸡粉，搅匀，煮至沸。

❼倒入肉片煮1分钟，将肉片盛入装有千张的碗中。

❽食用油烧热，在碗中撒上葱花、干辣椒，浇上热油即可。

水煮肉片

| 口味：麻辣 | 烹饪方法：煮

原料

瘦肉200克，生菜50克，灯笼泡椒20克，生姜、大蒜各15克，葱花少许

调料

盐6克，水淀粉20毫升，味精3克，食粉3克，豆瓣酱、陈醋、鸡粉、食用油、辣椒油、花椒油、花椒粉各适量

制作指导：

豆瓣酱一定要炒出红油，否则会影响成菜的外观和口感。

做法

❶洗净的生姜、灯笼泡椒剁成末；大蒜、瘦肉切片。

❷肉片加食粉、盐、味精、水淀粉、食用油腌渍后入锅滑油。

❸蒜片、姜末、灯笼泡椒末、豆瓣酱爆香，倒入肉片，加水。

❹加辣椒油、花椒油、盐、味精、鸡粉、水淀粉、陈醋炒匀。

❺生菜垫盘底，盛入肉片，撒上葱花、花椒粉，放热油即可。

干锅菌菇干张

口味：红油　｜　烹饪方法：炒

 原料

五花肉200克，千张230克，蒜苗45克，平菇80克，口蘑85克，草菇80克，姜片、干辣椒、葱段、蒜末各少许

调料

盐2克，鸡粉2克，生抽5毫升，豆瓣酱15克，番茄酱10克，辣椒油4毫升，水淀粉10毫升，料酒、食用油各适量

做法

❶蒜苗、千张切条；口蘑、草菇、平菇切块；五花肉切片。

❷水烧开，加盐、食用油，倒入草菇、口蘑、料酒煮沸。

❸放入平菇块、千张煮1分钟，捞出，沥干水分，待用。

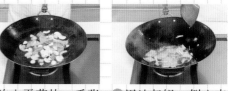

❹用油起锅，倒入肉片、姜片、蒜末、干辣椒、葱段炒香。

❺加生抽、豆瓣酱，倒入焯过水的食材，加盐、鸡粉炒匀。

❻倒入清水，淋入辣椒油，放入番茄酱炒匀，再煮2分钟。

❼倒入水淀粉勾芡。

❽放入蒜苗段，翻炒至断生，装入备好的干锅中即可。

生爆盐煎肉

口味：鲜 ▎烹饪方法：炒

🌶️ 原料

五花肉300克，青椒30克，红椒40克，葱段、蒜末各少许

🍲 调料

盐2克，生抽5毫升，豆瓣酱、食用油各适量

🍴 做法

①洗净的红椒切圈。

②洗好的青椒切圈。

③处理好的五花肉切成片，备用。

④用油起锅，倒入切好的五花肉炒出油。

⑤放入盐，快速翻炒均匀。

⑥淋入生抽，放入豆瓣酱，翻炒片刻。

⑦放入葱段、蒜末，翻炒出香味。

⑧倒入青椒、红椒炒至入味，装盘即可。

蚂蚁上树

口味：香辣　烹饪方法：炒

原料

肉末200克，水发粉丝300克，朝天椒末、蒜末、葱花各少许

调料

料酒10毫升，豆瓣酱15克，生抽8毫升，陈醋8毫升，盐2克，鸡粉2克，食用油适量

做法

①洗好的粉丝切段，备用。

②用油起锅，倒入肉末，翻炒松散，至其变色。

③淋入料酒，炒匀提味，放入蒜末、葱花，炒香。

④加入豆瓣酱，倒入生抽，略炒片刻。

⑤放入粉丝段，翻炒均匀。

⑥加入陈醋、盐、鸡粉调味。

⑦放入朝天椒末、葱花，炒匀。

⑧关火后盛出炒好的食材，装盘即可。

豆瓣排骨

■ 口味：鲜　■ 烹饪方法：炒

🌶 原料

排骨段300克，芽菜100克，红椒20克，姜片、葱段、蒜末各少许

🍲 调料

豆瓣酱20克，料酒3毫升，生抽3毫升，鸡粉2克，盐2克，老抽2毫升，水淀粉、食用油各适量

制作指导：

排骨汆水后可以再过一下冷水，这样能使其口感更佳。

🍴 做法

①洗净的红椒切圈，备用。

②水烧开，倒入排骨段，汆去血水捞出，沥干水分，备用。

③姜片、蒜末爆香，加豆瓣酱、排骨段、芽菜、料酒炒匀。

④加水、生抽、鸡粉、盐、老抽炒匀，加盖焖熟。

⑤揭盖，加红椒圈、葱段、水淀粉翻炒匀，装入盘中即可。

干锅排骨

■ 口味：麻辣　■ 烹饪方法：炒

🌶 原料

排骨400克，青椒15克，红椒15克，花椒10克，干辣椒、姜片、蒜末、蒜苗段各少许

🍲 调料

盐2克，鸡粉2克，料酒10毫升，生抽8毫升，豆瓣酱7克，生粉、食用油、水淀粉各适量

🍴 做法

❶洗净的红椒、青椒切开，再切成段。

❷排骨加盐、鸡粉、生抽、料酒、生粉腌渍至入味。

❸热锅注油烧热，倒入排骨，炸半分钟后捞出，沥干油。

❹油烧热，倒入姜片、蒜末、干辣椒、花椒、蒜苗段爆香。

❺放入切好的青椒、红椒，快速翻炒匀。

❻加入炸好的排骨，淋入料酒、生抽，炒匀提味。

❼加入豆瓣酱炒香，加盐、鸡粉调味，注入清水煮沸。

❽倒入适量水淀粉，快速翻炒片刻，盛出即可。

小炒肝尖

▌口味：鲜　▌烹饪方法：炒

🌶️ 原料

猪肝220克，蒜薹120克，红椒20克

🍲 调料

盐3克，鸡粉2克，豆瓣酱7克，料酒8毫升，生粉、食用油各适量

制作指导：

鲜猪肝可先在清水里浸泡约30分钟，这样有利于分解猪肝中的毒素。

❶ 洗净的蒜薹切长段；红椒切小块；猪肝切薄片。

❷ 猪肝片用盐、鸡粉、料酒、生粉拌匀，腌渍10分钟。

❸ 水烧开，倒入食用油、盐、蒜薹、红椒，煮半分钟捞出。

❹ 用油起锅，放入猪肝片、料酒、豆瓣酱和焯过水的食材。

❺ 加盐、鸡粉炒至食材入味，盛出装入盘中即成。

✂ 做法

❶ 洗净的白菜切成细丝；处理干净的猪肝切薄片。

❷ 猪肝加盐、鸡粉、料酒、水淀粉拌匀，腌渍片刻。

❸ 水烧开，倒入食用油、盐、鸡粉、白菜丝略煮捞出。

❹ 姜片、葱段、蒜末爆香，加豆瓣酱、猪肝、料酒、水炒匀。

❺ 加生抽、盐、鸡粉、辣椒油、花椒油、水淀粉炒匀即可。

水煮猪肝

▊ 口味：麻辣　　▊ 烹饪方法：煮

🌶 原料

猪肝300克，白菜200克，姜片、葱段、蒜末各少许

🍲 调料

盐3克，鸡粉3克，料酒4毫升，水淀粉8毫升，豆瓣酱15克，生抽、辣椒油各5毫升，花椒油、食用油各适量

制作指导：

猪肝在烹制前可用生粉腌渍一下，口感会更加鲜嫩。

焦炸肥肠

口味： 椒盐　**烹饪方法：** 炒

原料

熟猪大肠80克，鸡蛋1个，花椒、姜片、蒜末、葱花各少许

调料

盐3克，鸡粉3克，料酒10毫升，生抽5毫升，陈醋8毫升，孜然粉2克，生粉、食用油各适量

做法

❶ 卤好的熟猪大肠切段，备用。

❷ 把熟猪大肠装入碗中，放入鸡蛋、生粉，拌匀。

❸ 热锅注油烧热，放入熟猪大肠，搅拌均匀，捞出。

❹ 用油起锅，放入备好的姜片、蒜末、花椒炒香。

❺ 倒入炸好的猪大肠，淋入料酒、生抽，炒匀去腥。

❻ 淋入陈醋炒匀。

❼ 放入盐、鸡粉，炒匀调味，加入孜然粉炒香。

❽ 放入备好的葱花，炒匀，盛出即可。

干煸肥肠

▌口味：麻辣 ▌烹饪方法：炒

🌶 **原料**

熟肥肠200克，洋葱70克，干辣椒7克，花椒6克，蒜末、葱花各少许

🍲 **调料**

鸡粉2克，盐2克，辣椒油适量，生抽4毫升，食用油适量

🍴 **做法**

①将洗净的洋葱切成小块。

②把熟肥肠切成段。

③锅中注入食用油，烧至五成热，倒入洋葱块，拌匀。

④捞出洋葱，沥干油，待用。

⑤锅底留油烧热，放入蒜末、干辣椒、花椒，爆香。

⑥放入少许油，倒入肥肠，炒匀，淋入生抽，炒匀。

⑦放入洋葱块。

⑧加鸡粉、盐、辣椒油拌匀，撒上葱花，炒出香味即可。

干煸牛肉丝

▌口味：麻辣 ▌烹饪方法：炒

🌶 原料

牛肉300克，胡萝卜95克，芹菜90克，花椒、干辣椒、蒜末各少许

🍲 调料

盐4克，鸡粉3克，生抽5毫升，水淀粉5毫升，料酒10毫升，豆瓣酱10克，食粉、食用油各适量

制作指导：

切牛肉丝时，要顺着纹理横切，这样吃的时候更易咀嚼。

🍴 做法

① 芹菜洗净切段；洗净去皮的胡萝卜切条；牛肉洗净切丝。

② 牛肉加食粉、生抽、盐、鸡粉、水淀粉、食用油腌渍。

③ 胡萝卜焯水后捞出；牛肉入油锅滑油至变色捞出。

④ 花椒、干辣椒、蒜末爆香，放入胡萝卜、芹菜、牛肉炒匀。

⑤ 加料酒、豆瓣酱、生抽、盐、鸡粉调味，盛出即可。

葱韭牛肉

▌口味：五香 ▌烹饪方法：焖

🌶 原料

牛腱肉300克，南瓜220克，韭菜70克，小米椒15克，泡小米椒20克，姜片、葱段、蒜末各少许

🍲 调料

鸡粉2克，盐3克，豆瓣酱12克，料酒4毫升，生抽3毫升，老抽2毫升，五香粉、水淀粉、冰糖各适量

🍴 做法

①水烧开，加老抽、鸡粉、盐、牛腱肉、五香粉，拌匀。

②小火煮1小时，取出煮好的食材，沥干水分待用。

③将洗净的小米椒切圈；泡小米椒切碎；韭菜切段。

④洗净去皮的南瓜切小块；放凉的牛腱肉切小块备用。

⑤蒜末、姜片、葱段、小米椒、泡椒爆香，放牛肉、料酒。

⑥加入豆瓣酱、生抽、老抽、盐炒匀，放入南瓜块炒软。

⑦加入冰糖、清水、鸡粉拌匀，大火煮开后小火续煮30分钟。

⑧倒入韭菜段，炒匀，用水淀粉勾芡，盛出即可。

米椒拌牛肚

▌口味：麻辣　▌烹饪方法：拌

🌶 原料

牛肚条200克，泡小米椒45克，蒜末、葱花各少许

🍴 调料

盐4克，鸡粉4克，辣椒油4毫升，料酒10毫升，生抽8毫升，芝麻油2毫升，花椒油2毫升

制作指导：

泡小米椒可以切一下，味道会更浓郁。

🍴 做法

❶锅中注入适量清水烧开，倒入洗净的牛肚条。

❷淋入料酒、生抽，放入少许盐、鸡粉，拌匀。

❸小火煮1小时，捞出牛肚，沥干水分。

❹将氽煮好的牛肚装碗，加泡小米椒、蒜末、葱花。

❺加盐、鸡粉、辣椒油、芝麻油、花椒油拌匀即可。

夫妻肺片

口味：香辣 | **烹饪方法：拌**

原料

熟牛肉80克，熟牛蹄筋150克，熟牛肚150克，青椒、红椒各15克，蒜末、葱花各少许

调料

生抽3毫升，陈醋、辣椒酱、老卤水、辣椒油、芝麻油各适量

做法

①熟牛肉、熟牛蹄筋、熟牛肚放入卤水锅中煮15分钟。

②把卤好的食材捞出，装入盘中，凉凉备用。

③洗净的青椒对半切开，先切成丝，再切成粒。

④洗净的红椒对半切开，去籽，先切成丝，再切成粒。

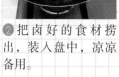

⑤把卤好的熟牛蹄筋切小块；卤好的熟牛肉切片。

⑥用斜刀将卤好的熟牛肚切成片，备用。

⑦牛肉、牛肚、熟牛蹄筋、青椒、红椒、蒜末、葱花装碗。

⑧加陈醋、生抽、辣椒酱、老卤水、辣椒油、芝麻油拌匀。

青椒回锅牛舌

| 口味：香辣 | 烹饪方法：炒

🌶 原料

牛舌200克，青椒30克，红椒15克，干辣椒5克，姜片、蒜末、葱白各少许

🍲 调料

豆瓣酱10克，盐2克，鸡粉、生抽、料酒、水淀粉、食用油各适量

🍴 做法

❶锅中注入清水，放入洗净的牛舌，烧开后再煮8分钟。

❷揭盖，把煮熟的牛舌捞出，沥干水分，凉凉备用。

❸洗净的青椒、红椒切成小块；把牛舌切成薄片。

❹锅中加入适量清水，烧开，加入少许食用油。

❺放入青椒和红椒，焯约半分钟捞出。

❻用油起锅，倒入干辣椒、姜片、蒜末、葱白，炒香。

❼倒入牛舌炒匀，淋入料酒，炒香，加入生抽，炒匀。

❽倒入青椒和红椒、豆瓣酱、盐、鸡粉、水淀粉炒匀即可。

✗ 做法

①熟羊肚切条状；洗好的红椒、青椒均切粒。

②水烧开，倒入熟羊肚，汆去杂质，捞出待用。

③姜片、蒜末、葱段入油锅爆香，放入青椒、红椒炒匀。

④倒入羊肚，翻炒片刻，淋入料酒、盐、生抽炒匀。

⑤加入孜然，翻炒出香味，盛出装入盘中即可。

孜然羊肚

▍口味：鲜　▍烹饪方法：炒

🌶 原料

熟羊肚200克，青椒25克，红椒25克，姜片、蒜末、葱段各少许

🍲 调料

孜然2克，盐2克，生抽5毫升，料酒10毫升，食用油适量

制作指导：

汆煮羊肚时，可以放点料酒、姜片，能更好地去膻。

麻辣羊肚丝

▮口味：麻辣　　▮烹饪方法：拌

🌶 原料

羊肚300克，红椒15克，蒜末、葱花、香菜段各少许

🍲 调料

盐6克，鸡粉2克，味精、料酒、生抽、花椒油、辣椒油、芝麻油各适量

制作指导：

洗羊肚时，可以用盐和碱反复搓洗内部，去除黏液再后用清水彻底清洗，可以洗得很干净。

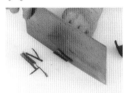

❶洗净的羊肚切成丝；洗净的红椒切成细丝。

❷水烧开，加料酒、鸡粉、盐，倒入羊肚丝，煮2分钟。

❸再放入红椒，煮1分钟捞出煮好的食材，装碗。

❹加蒜末、葱花、花椒油、辣椒油，倒上芝麻油。

❺加盐、味精、生抽拌匀，装盘，撒上香菜段即可。

禽蛋类

芽菜碎米鸡

口味：香辣 烹饪方法：炒

原料

鸡胸肉150克，芽菜150克，生姜末、葱末、辣椒末各少许

调料

盐、葱姜酒汁、水淀粉、味精、白糖、食用油各适量

做法

①洗净的鸡胸肉切丁装碗，加盐、葱姜酒汁、水淀粉拌匀。

②锅中倒入少许清水烧开，倒入洗净的芽菜。

③芽菜焯熟后捞出沥干，装盘备用。

④热锅注油，倒入鸡丁翻炒约3分钟至熟。

⑤放入姜末、辣椒末、葱末、芽菜，加味精、白糖调味。

⑥撒入葱末拌匀，盛出装盘即成。

宫保鸡丁

▌口味：香辣　▌烹饪方法：炒

🌶️ 原料

鸡胸肉300克，黄瓜800克，花生50克，干辣椒7克，蒜头、姜片各适量

🍲 调料

盐5克，味精2克，鸡粉3克，料酒3毫升，生粉、食用油、辣椒油、芝麻油各适量

制作指导：

花生米不可煮太久，以免影响其酥脆感，也不可炸太久，以免过老，影响其口感。

🍴 做法

❶食材均切丁，鸡丁加盐、味精、料酒、生粉、食用油腌渍。

❷水烧开，倒入花生，煮约1分钟捞出，沥干水分。

❸油烧热，倒入花生炸熟捞出，放入鸡丁炸至转色捞出。

❹蒜头、姜片、干辣椒炒香，倒入黄瓜、盐、味精、鸡粉。

❺倒入鸡丁，加辣椒油、芝麻油炒匀盛出，放入花生米即可。

椒麻鸡

▌口味：麻辣　▌烹饪方法：炒

🌶 原料

鸡腿150克，花椒、八角、桂皮、香叶、干辣椒、姜片、葱段、蒜末各适量

🍲 调料

盐2克，鸡粉2克，辣椒油10毫升，花椒油5毫升，生粉适量，料酒2毫升，生抽4毫升，水淀粉、食用油各适量

🍴 做法

①将洗净的鸡腿切开，斩成小块。

②鸡块加适量生抽、盐、鸡粉、料酒、生粉拌匀，腌渍。

③油烧热，倒入鸡肉块，拌匀，捞出炸好的鸡块。

④锅底留油烧热，倒入姜片、葱段、蒜末，炒香。

⑤放入八角、桂皮、香叶、花椒、干辣椒，炒匀。

⑥倒入鸡块炒匀，淋入料酒炒匀，加生抽提香。

⑦注入清水，加盐、鸡粉，淋入辣椒油、花椒油调味。

⑧倒入水淀粉，翻炒均匀，关火后盛出菜肴即可。

麻辣怪味鸡

▍口味：麻辣　▍烹饪方法：炒

🌶 原料

鸡肉300克，红椒20克，蒜末适量，葱花少许

🍲 调料

盐2克，鸡粉2克，生抽5毫升，辣椒油10毫升，料酒、生粉、花椒粉、辣椒粉、食用油各适量

🍴 做法

❶ 洗净的红椒切小块；洗好的鸡肉斩成小块。

❷ 鸡肉块加生抽、盐、鸡粉、料酒、生粉拌匀，腌渍。

❸ 锅中注油，烧至五成热，倒入腌好的鸡肉块，拌匀。

❹ 捞出炸好的鸡肉，沥干油，待用。

❺ 锅底留油烧热，撒上蒜末，炒香。

❻ 放入红椒块、鸡肉块，炒匀。

❼ 倒入花椒粉、辣椒粉、葱花，炒匀。

❽ 加盐、鸡粉、辣椒油炒匀，盛出炒好的菜肴即可。

蜀香鸡

口味：香辣 ▎**烹饪方法：炒**

🌶 原料

鸡翅根350克，鸡蛋1个，青椒15克，干辣椒5克，花椒3克，蒜末、葱花各少许

🍲 调料

盐、鸡粉各2克，豆瓣酱8克，辣椒酱12克，料酒、生抽各5毫升，生粉、食用油各适量

🍴 做法

❶将洗净的青椒切圈；洗好的鸡翅根斩成小块。

❷鸡蛋打入碗中，搅散、调匀，制成蛋液，待用。

❸鸡块加蛋液、盐、鸡粉、生粉拌匀，腌渍片刻。

❹油烧热，倒入鸡块，炸1分钟，捞出鸡块，待用。

❺锅底留油烧热，放入蒜末、干辣椒、花椒爆香。

❻倒入青椒圈，再放入炸好的鸡块，翻炒均匀。

❼淋上料酒，加入豆瓣酱、生抽、辣椒酱调味。

❽撒上葱花，用大火快炒，装入备好的盘中即成。

❶洗净的莴笋滚刀切成块；洗净的鸡肉斩成块。

❷鸡块加鸡粉、盐、生抽、料酒、生粉拌匀，腌渍。

❸热锅注油烧热，倒入鸡块滑油至转色后捞出。

❹姜片、蒜末、葱白爆香，倒入莴笋、灯笼泡椒、鸡块、料酒。

泡椒三黄鸡

▌口味：香辣 ▌烹饪方法：焖

🌶 原料

三黄鸡300克，灯笼泡椒20克，莴笋100克，姜片、蒜末、葱白各少许

🍲 调料

盐6克，鸡粉4克，味精1克，生抽5毫升，生粉、料酒、水淀粉、食用油各适量

制作指导：
炒制鸡块时加少许红油，味道更鲜香。

❺加水、盐、味精、生抽、鸡粉，焖熟，加水淀粉勾芡即可。

✂ 做法

❶水烧开，放入整块洗净的鸡胸肉，放盐，淋入料酒。

❷盖上盖，用小火煮15分钟至熟，捞出。

❸鸡胸肉用擀面杖敲打松散，用手把鸡肉撕成鸡丝。

❹鸡丝装碗，加蒜末、葱花、盐、鸡粉、辣椒油、陈醋。

❺放入芝麻油调味，装入盘中，撒上熟芝麻和葱花即可。

棒棒鸡

█ 口味：酸辣　█ 烹饪方法：拌

🌶 原料

鸡胸肉350克，熟芝麻15克，蒜末、葱花各少许

🍲 调料

盐4克，料酒10毫升，鸡粉2克，辣椒油5毫升，陈醋5毫升，芝麻酱10克

制作指导：

鸡肉不要煮到全熟再关火，九成熟即可，这样味道会更鲜嫩。

藤椒鸡

口味：麻辣　┃烹饪方法：焖

🌶 原料

鸡肉块350克，莲藕150克，小米椒30克，香菜20克，姜片、蒜末各少许

🍲 调料

生抽8毫升，料酒3毫升，盐2克，鸡粉1克，生粉10克，豆瓣酱12克，料酒4毫升，花椒油8毫升，水淀粉、食用油各适量

🍴 做法

❶洗净的香菜切段；莲藕切小丁块；小米椒切成圈。

❷洗净的鸡肉块加生抽、料酒、盐、鸡粉、生粉拌匀腌渍。

❸锅中注油，烧至五成热，倒入鸡块炸半分钟捞出。

❹锅底留油，倒入蒜末、姜片、小米椒爆香，放入鸡块炒匀。

❺加料酒、豆瓣酱、生抽，炒匀，放入藕丁，炒香。

❻淋入花椒油，加入盐、鸡粉调味，注入清水炒匀。

❼盖上盖，煮开后小火煮10分钟至熟软。

❽揭盖，倒入水淀粉勾芡，撒上香菜，炒香，盛出即可。

做法

❶ 鸡腿斩小件，用盐、鸡粉、生抽、生粉、食用油腌渍。

❷ 油烧六成热，倒入鸡块，拌匀，捞出炸好的鸡块。

❸ 葱段、姜片、蒜末、干辣椒、花椒爆香，入鸡块炒匀。

❹ 淋入料酒、生抽，炒匀提味，加盐、鸡粉调味。

❺ 倒入辣椒油、花椒油、五香粉翻炒片刻，盛出即可。

麻辣干炒鸡

| 口味：麻辣　　 | 烹饪方法：炒

原料

鸡腿300克，干辣椒10克，花椒7克，葱段、姜片、蒜末各少许

调料

盐2克，鸡粉1克，生粉6克，料酒4毫升，生抽5毫升，辣椒油6毫升，花椒油5毫升，五香粉2克，食用油适量

制作指导：

在炸鸡块时，油温不宜过高，否则容易使鸡腿表面焦里面生。

重庆芋儿鸡

| 口味：麻辣 | 烹饪方法：焖

🌶 原料

小芋头300克，鸡肉块400克，干辣椒、
葱段、花椒、姜片、蒜末各适量

🍲 调料

盐2克，鸡粉2克，水淀粉10毫升，豆瓣酱10
克，料酒8毫升，生抽4毫升，食用油适量

🍴 做法

①水烧开，放入洗净
的鸡肉块汆去血水，
捞出。

②油烧热，倒入洗净
去皮的小芋头，炸至
微黄色捞出。

③锅底留油，放入干
辣椒、葱段、花椒、
姜片、蒜末爆香。

④倒入汆过水的鸡
块，翻炒片刻。

⑤放入豆瓣酱，淋入
生抽、料酒，炒匀至
上色。

⑥倒入炸好的小芋头
炒匀。

⑦倒入清水煮沸，放
入盐、鸡粉，盖上
盖，焖熟。

⑧揭盖，倒入水淀粉
翻炒片刻，装入盘中
即可。

重庆烧鸡公

| 口味：五香 | 烹饪方法：炒

原料

公鸡500克，青椒45克，红椒40克，蒜头40克，葱段、姜片、蒜片、花椒、桂皮、八角、干辣椒各适量

调料

豆瓣酱15克，盐2克，鸡粉2克，生抽8毫升，辣椒油、花椒油各5毫升，食用油适量

做法

①洗净的青椒、红椒去蒂，切开，切段。

②宰杀处理干净的公鸡斩件，斩成小块。

③水烧开，倒入鸡块余去血水捞出，沥干水，待用。

④油烧热，倒入八角、桂皮、花椒，放入蒜头炸香。

⑤倒入鸡块，翻炒均匀，加入姜片、蒜片、干辣椒。

⑥放入青椒、红椒，翻炒匀，加入豆瓣酱，炒出香味。

⑦放盐、鸡粉、生抽，再淋入辣椒油、花椒油调味。

⑧把炒好的食材盛出装入碗中，放上葱段，即成。

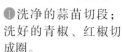

❶洗净的蒜苗切段；洗好的青椒、红椒切成圈。

❷鸡块加生抽、盐、鸡粉、料酒、生粉、食用油腌渍后滑油。

❸干辣椒、姜片、蒜片、葱段入锅炒香，加蒜苗梗、鸡块略炒。

❹加料酒、豆瓣酱调味，倒入青椒、红椒和蒜苗叶炒匀。

❺加入辣椒油、生抽、盐、鸡粉、水淀粉炒匀即可。

辣子鸡

▌口味：香辣　▌烹饪方法：炒

🌶 原料

鸡块350克，青椒、红椒各80克，蒜苗100克，干辣椒、姜片、蒜片、葱段各少许

🍲 调料

盐、鸡粉各2克，料酒、生抽各10毫升，生粉10克，豆瓣酱5克，辣椒油5毫升，水淀粉5毫升，食用油适量

制作指导：

腌渍鸡肉时已放了盐，后面炒制时少放些，不然会很咸。

做法

① 洗净的鸡腿肉斩小块；洗好的芹菜切段；彩椒切片。

② 油烧热，倒入鸡块炸出香味捞出，沥干油，待用。

③ 姜末、蒜末、葱段入油锅爆香，倒入鸡块、料酒、干辣椒。

④ 加入盐、鸡粉炒匀调味，倒入芹菜和彩椒炒匀。

⑤ 淋入辣椒油，炒匀，装盘即可。

歌乐山辣子鸡

■ 口味：香辣　　■ 烹饪方法：炒

原料

鸡腿肉300克，干辣椒30克，芹菜12克，彩椒10克，葱段、蒜末、姜末各少许

调料

盐3克，鸡粉少许，料酒4毫升，辣椒油、食用油各适量

制作指导：

鸡块可先用少许生粉腌渍一下再用油炸熟，这样肉质会更嫩。

鱼香鸡丝

| 口味：鱼香 | 烹饪方法：炒

🌶 原料

鸡胸肉300克，莴笋200克，竹笋60克，水发木耳、葱段、姜丝、蒜末各适量

🍲 调料

豆瓣酱10克，盐7克，鸡粉4克，白糖3克，陈醋4毫升，料酒5毫升，水淀粉、食用油各适量

🍴 做法

①洗净的竹笋、莴笋、木耳、鸡胸肉均切成丝。

②肉丝加盐、鸡粉、水淀粉、食用油拌匀，腌渍10分钟。

③水烧开，加盐，放入竹笋丝、木耳丝煮1分钟捞出。

④用油起锅，放葱段、姜丝、蒜末爆香，放入肉丝翻炒。

⑤再倒入莴笋丝，炒匀炒透，放入焯煮过的食材炒匀。

⑥淋上料酒，炒香提味，放入豆瓣酱，淋入陈醋。

⑦转小火，调入盐、鸡粉、白糖，快速翻炒至入味。

⑧倒入水淀粉，翻炒食材至熟软，盛出装盘即成。

土豆焖鸡块

▌口味：香辣 ▌烹饪方法：焖

🌶 原料

土豆300克，鸡肉350克，姜片、蒜末、葱段各少许

🍲 调料

豆瓣酱15克，盐6克，鸡粉4克，蚝油5克，生抽8毫升，料酒10毫升，水淀粉、食用油各适量

🍴 做法

❶去皮洗净的土豆切成大块；洗净的鸡肉切小块。

❷鸡块加盐、生抽、鸡粉、料酒、水淀粉拌匀上浆。

❸油烧热，放入土豆块炸呈金黄色，捞出盛放在盘中，待用。

❹锅中留少许油，下入姜片、蒜末，大火爆香。

❺倒入鸡块，翻炒匀，淋入料酒，炒匀提味。

❻再放入豆瓣酱、生抽、蚝油，炒匀。

❼注入清水，倒入土豆块，调入盐、鸡粉调味。

❽焖熟后撒上葱段，炒出葱香味，出锅装盘即成。

剁椒蒸鸡腿

▌口味：香辣　　▌烹饪方法：蒸

🌶 原料

鸡腿200克，剁椒酱25克，红蜜豆35克，姜片、蒜末各少许

🍲 调料

海鲜酱12克，鸡粉少许，料酒3毫升

制作指导：

在鸡腿上切几处刀花，这样蒸的时候鸡肉更易入味。

🍴 做法

❶ 取一小碗，倒入备好的剁椒酱。

❷ 加海鲜酱、姜片、蒜末、料酒、鸡粉拌成辣酱。

❸ 取一蒸盘，放入洗净的鸡腿，加红蜜豆、辣酱，铺匀。

❹ 蒸锅上火烧开，放入蒸盘。

❺ 蒸约20分钟，取出蒸盘，稍微冷却后食用即可。

丁香多味鸡腿

▌口味：鲜 ▌烹饪方法：焖

🌶 原料

鸡腿块320克，丁香、陈皮、葱段、姜片各少许

🍲 调料

盐2克，鸡粉2克，生抽4毫升，料酒8毫升，食用油适量

🍴 做法

①锅中注入适量清水烧开，倒入洗净的鸡腿块拌匀。

②淋入少许料酒，用大火汆煮一会儿，捞出鸡腿。

③用油起锅，倒入丁香、陈皮、葱段、姜片，爆香。

④放入汆过水的鸡腿块，翻炒匀，淋入料酒炒透。

⑤加入生抽，炒匀提味，再注入适量清水拌匀。

⑥盖上盖，烧开后转小火煮约10分钟，至食材断生。

⑦揭盖，加盐、鸡粉调味，盖上盖，续煮15分钟。

⑧揭盖，用大火翻炒几下，至汤汁收浓，装入盘中即成。

魔芋结烧鸡翅

▌口味：鲜　▌烹饪方法：煮

🌶 原料

魔芋结150克，鸡翅170克，姜末、蒜末、葱末各少许

🍲 调料

盐2克，鸡粉少许，老抽2毫升，生抽5毫升，料酒4毫升，水淀粉、食用油各适量

制作指导：

魔芋结肉质细嫩，翻炒时动作要轻缓，以免将其炒散。

🍴 做法

① 洗净的鸡翅斩小块，加生抽、料酒、盐拌匀，腌渍。

② 姜末、蒜末入油锅，大火爆香，放入鸡翅炒至转色。

③ 淋料酒炒香，加清水、生抽、老抽、盐、鸡粉，焖熟。

④ 倒入洗净的魔芋结炒匀，小火续煮3分钟。

⑤ 倒入水淀粉勾芡，撒上葱末翻炒至断生，装盘即成。

麻辣鸡爪

▎口味：麻辣 ▎烹饪方法：炒

🌶 原料

鸡爪200克，大葱70克，土豆120克，干辣椒、花椒、姜片、蒜末、葱段各少许

🍲 调料

料酒16毫升，老抽2毫升，鸡粉2克，盐2克，辣椒油2毫升，芝麻油2毫升，豆瓣酱15克，生抽4毫升，食用油、水淀粉各适量

🍴 做法

❶洗净的大葱切段；洗净的土豆、鸡爪切小块。

❷水烧开，加入料酒，放入鸡爪氽去血水，捞出。

❸用油起锅，入姜片、蒜末、葱段、干辣椒、花椒炒香。

❹倒入鸡爪，淋入料酒炒香，倒入土豆，炒匀。

❺淋入生抽，翻炒匀，加入豆瓣酱，翻炒匀。

❻加清水、老抽炒匀，加鸡粉、盐、辣椒油、芝麻油调味。

❼盖上盖，用小火焖8分钟后揭盖，倒入大葱，翻炒均匀。

❽用大火收汁，淋入水淀粉，快速翻炒均匀，装盘即可。

干妈酱爆鸡软骨

▌口味：香辣　　▌烹饪方法：炒

🌶 原料

鸡软骨200克，四季豆150克，老干妈辣酱30克，姜片、蒜头、葱段各少许

🍲 调料

盐2克，鸡粉2克，生抽8毫升，生粉10克，料酒、水淀粉、食用油各适量

制作指导：

老干妈辣酱已经有咸味，所以盐要尽量少放一些。

🍴 做法

❶洗净的四季豆切成小丁。

❷洗净的鸡软骨氽水后捞出，装碗，加生抽、生粉腌渍。

❸油烧热，倒入鸡软骨、四季豆、蒜头炸熟后捞出。

❹姜片、葱段入锅爆香，倒入炸好的材料，加料酒、生抽。

❺加盐、鸡粉、水淀粉、老干妈辣酱快速炒匀，盛出即可。

✖ 做法

❶洗净的青椒、红椒切小块；洗净的鸡心切成小块。

❷鸡心加盐、鸡粉、料酒、水淀粉拌匀，腌渍10分钟。

❸青椒、红椒焯水后捞出；鸡心汆水后捞出备用。

❹姜片、蒜末、葱段入锅爆香，倒入鸡心、料酒、盐、生抽。

❺加豆瓣酱、红椒、青椒、盐、鸡粉、水淀粉炒匀即成。

尖椒炒鸡心

▌口味：香辣　▌烹饪方法：炒

🌶 原料

鸡心100克，青椒60克，红椒25克，姜片、蒜末、葱段各少许

🍲 调料

豆瓣酱5克，盐3克，鸡粉2克，料酒、生抽各4毫升，水淀粉、食用油各适量

制作指导：

青椒、红椒的焯煮时间不可过长，以免营养物质流失过多。

泡椒炒鸭肉

▍口味：香辣 ▍烹饪方法：焖

🌶 原料

鸭肉200克，灯笼泡椒60克，泡小米椒40克，姜片、蒜末、葱段各少许

🍲 调料

豆瓣酱10克，盐3克，鸡粉2克，生抽少许，料酒5毫升，水淀粉、食用油各适量

🍴 做法

①将灯笼泡椒、鸭肉切小块；泡小米椒切成小段。

②鸭肉洗净，加生抽、盐、鸡粉、料酒、水淀粉腌渍。

③水烧开，倒入鸭肉块煮1分钟，捞出。

④用油起锅，放入肉块炒匀，放入蒜末、姜片炒匀。

⑤加料酒、生抽炒匀，倒入泡小米椒、灯笼泡椒略炒。

⑥加入豆瓣酱、鸡粉调味，注入清水收拢食材。

⑦盖上盖，中火焖煮3分钟，取下盖子，大火收汁。

⑧淋上水淀粉勾芡，盛出放在盘中，撒上葱段即成。

野山椒炒鸭肉丝

▌口味：香辣 ▌烹饪方法：炒

🌶 原料

泡小米椒60克，鸭肉200克，红椒15克，
姜片、蒜片、葱段各少许

🍲 调料

盐4克，鸡粉3克，辣椒酱10克，生抽4毫
升，料酒、水淀粉、食用油各适量

🍴 做法

❶洗净的红椒切丝；
洗净的鸭肉切丝。

❷鸭肉丝加盐、鸡
粉、生抽、料酒、水
淀粉、食用油腌渍。

❸用油起锅，放入姜
片、蒜片、葱段，大
火爆香。

❹倒入腌好的鸭肉
丝，炒松散，淋入料
酒翻炒片刻。

❺再放入洗净的泡小
米椒、红椒炒香。

❻加入盐、鸡粉，再
放入辣椒酱，炒匀至
入味。

❼用水淀粉勾芡。

❽用锅铲翻炒食材，
至熟透，盛盘即成。

爆炒鸭丝

▌口味：香辣 ▌烹饪方法：炒

 做法

❶洗净的青椒、红椒、香菇均切细丝；豆瓣酱切碎。

❷鸭肉加姜片、干辣椒段、桂皮入沸水锅煮熟，捞出切丝。

❸肉丝加生抽、水淀粉腌渍；香菇焯水捞出备用。

❹油烧热，入姜丝、蒜蓉、葱段、青椒、红椒、香菇炒香。

❺倒入肉丝、豆瓣酱、料酒、味精、生抽炒熟即可。

🌶 原料

鸭胸肉250克，鲜香菇40克，蒜蓉、姜丝、葱段、青椒、红椒、姜片、干辣椒段、桂皮各少许

🍲 调料

豆瓣酱25克，味精、生抽、料酒、水淀粉、食用油各适量

制作指导：

煮鸭胸肉时，加入少许大蒜、陈皮一起煮，能去除鸭胸肉的腥味。

子姜鸭

口味：咸、鲜 | 烹饪方法：焖

🌶 原料

鸭腿1只，子姜150克，蒜末适量，葱段少许

🍲 调料

南乳、生抽、老抽、料酒、鸡粉、盐、白糖、水淀粉、食用油各适量

🍴 做法

① 洗净的子姜切薄片；洗净的鸭腿斩小件，备用。

② 锅中倒清水烧开，倒入切好的鸭肉煮1分钟，捞出。

③ 鸭腿肉入油锅爆香，放入姜片、蒜末、葱白翻炒均匀。

④ 淋入生抽、老抽、料酒，炒匀。

⑤ 放入备好的南乳，翻炒均匀。

⑥ 转小火，加入鸡粉、盐、白糖，注入适量清水。

⑦ 盖上锅盖，用大火煮沸，转小火焖煮约20分钟。

⑧ 取下盖子，撒上葱叶，倒入水淀粉炒匀，盛盘即可。

椒麻鸭下巴

▌口味：麻辣 ▌烹饪方法：炒

🌶 原料

鸭下巴100克，辣椒粉15克，白芝麻17克，花椒粉7克，蒜末、葱花各少许

🍲 调料

盐4克，鸡粉2克，料酒8毫升，生抽8毫升，生粉20克，辣椒油4毫升，食用油适量

🍴 做法

❶水烧开，加盐、鸡粉、料酒，倒入洗净的鸭下巴煮至沸。

❷小火煮10分钟至其入味，捞出。

❸把鸭下巴放入碗中，倒入生抽、生粉拌匀。

❹油烧热，倒入鸭下巴炸至焦黄色，捞出，沥干油。

❺锅底留油，放入蒜末，炒出香味。

❻加入辣椒粉、花椒粉，倒入鸭下巴，翻炒均匀。

❼放入葱花、白芝麻，翻炒均匀。

❽倒入辣椒油、盐调味，关火后盛出装盘即可。

做法

①鸭胗入卤水锅，放姜片、盐、鸡粉、生抽、料酒卤熟捞出。

②油烧热，倒入花生米，炸2分钟捞出沥干水分待用。

③黄瓜、鸭胗切片；红椒切小块；香菜切段；葱切粒。

④鸭胗装碗，加黄瓜、红椒、香菜、葱粒、姜末、鸡粉。

⑤加盐、生抽、辣椒油、陈醋、芝麻油、花生米拌匀即可。

香辣鸭胗

| 口味：香辣 | 烹饪方法：拌

原料
鲜鸭胗200克，黄瓜100克，花生米60克，红椒15克，姜片10克，葱5克，香菜6克，姜末10克

调料
盐13克，鸡粉2克，生抽、辣椒油、陈醋各7毫升，芝麻油4毫升，料酒10毫升，卤水2000毫升，食用油适量

制作指导：

炸花生米时要注意火候和时间，炸至花生米表面金黄色最佳。

❶洗净的草菇、鸭血切小块；洗好的口蘑切成粗丝。

❷草菇、口蘑焯水后捞出；姜片、蒜末、葱段入油锅爆香。

❸放入焯煮过的食材，淋入料酒、生抽炒熟。

❹倒入鸭血块，注入清水，加盐、鸡粉，炒匀调味。

❺续煮至食材熟透，倒入水淀粉炒匀，盛出即成。

双菇炒鸭血

▎口味：鲜 ▎烹饪方法：炒

🌶 原料

鸭血150克，口蘑70克，草菇60克，姜片、蒜末、葱段各少许

🍲 调料

盐3克，鸡粉2克，料酒4毫升，生抽5毫升，水淀粉、食用油各适量

制作指导：

鸭血切好后浸在清水中，可以使其中所含的杂质释放出来。

毛血旺

▌口味：麻辣　▌烹饪方法：煮

🌶 原料

鸭血450克，牛肚、鳝鱼、黄花菜、水发
木耳、莴笋、火腿肠、豆芽、红椒末、
姜片、干辣椒段、葱段、花椒各适量

🍲 调料

高汤、料酒、豆瓣酱、盐、味精、白糖、辣
椒油、花椒油、食用油各适量

🍴 做法

①牛肚、鸭血切小
块；鳝鱼切小段；莴
笋、火腿肠切片。

②鳝鱼、牛肚、鸭血
分别氽水后捞出沥干
水分。

③炒锅注油烧热，倒
入红椒末、姜片、葱
白炒香。

④放入豆瓣酱炒匀，
注入高汤，盖上锅盖
煮5分钟。

⑤加盐、味精、白
糖、料酒，倒黄花
菜、木耳、豆芽。

⑥再放入火腿肠、莴
笋煮至材料熟透，捞
出备用。

⑦牛肚、鳝鱼、鸭血
放入锅中煮熟，盛入
同一碗中。

⑧辣椒油、花椒油、
干辣椒段、花椒炒香
装碗，加葱叶即可。

①鸡蛋加盐、鸡粉、水淀粉搅散；萝卜干切丁。

②水烧开，倒入萝卜丁焯煮约半分钟捞出，沥干水分。

③用油起锅，倒入蛋液翻炒一会儿，盛出待用。

④肉末炒松散，加生抽、干辣椒、萝卜丁、鸡蛋炒散。

⑤加盐、鸡粉炒片刻至食材入味，装盘，点缀上葱花即成。

萝卜干肉末炒蛋

▎口味：鲜 ▎烹饪方法：炒

原料

萝卜干120克，鸡蛋2个，肉末30克，干辣椒5克，葱花少许

调料

盐、鸡粉各2克，生抽3毫升，水淀粉、食用油各适量

制作指导：

萝卜干有咸味，烹饪此菜时可少放些盐。

水产类

醋焖鲫鱼

| 口味：鲜 | 烹饪方法：焖

原料

净鲫鱼350克，花椒、姜片、蒜末、葱段各少许

调料

盐3克，鸡粉少许，白糖3克，老抽2毫升，生抽5毫升，陈醋10毫升，生粉、水淀粉、食用油各适量

做法

①鲫鱼加盐、生抽、生粉腌渍后入油锅炸至金黄色，捞出。

②油烧热，放入花椒、姜片、蒜末、葱段爆香。

③注入适量清水，加生抽、白糖、盐、鸡粉、陈醋。

④用中火拌匀，煮约半分钟，至汤汁沸腾，放入鲫鱼。

⑤淋入老抽，边煮边浇汁，转小火煮约1分钟，盛出。

⑥汤汁烧热，用水淀粉勾芡，调成味汁，浇在鱼上即成。

豆瓣鲫鱼

▌口味：香辣　▌烹饪方法：炸

🌶 原料

鲫鱼300克，姜丝、蒜末、干辣椒段、葱段各少许

🍲 调料

豆瓣酱100克，盐2克，料酒、胡椒粉、生粉、芝麻油、味精、蚝油、食用油各适量

制作指导：

将鲫鱼处理干净后，放入盆中，再倒入黄酒，能除去鱼的腥味。

🍴 做法

❶在处理干净的鲫鱼两侧切上一字花刀。

❷鲫鱼加味精、料酒、生粉，抹匀，腌渍入味。

❸鲫鱼入油锅炸酥捞出，另起锅，炒香姜丝、蒜末、干辣椒。

❹倒入豆瓣酱、水、鲫鱼拌匀，加盐、味精、蚝油煮熟盛出。

❺汤汁烧热，加胡椒粉、葱段、芝麻油炒匀，浇鱼身上即成。

肉桂五香鲫鱼

口味：五香 ▍烹饪方法：焖

🌶 原料

净鲫鱼400克，桂圆肉10克，葱段、姜片、八角、肉桂各少许

🍲 调料

盐3克，鸡粉2克，生抽4毫升，料酒7毫升，食用油适量

🍴 做法

❶在处理干净的鲫鱼两面切上花刀。

❷鲫鱼加盐、料酒腌渍约15分钟，至其入味，备用。

❸用油起锅，放入腌好的鲫鱼，轻轻移动，煎出香味。

❹煎至两面断生，撒上姜片、八角、葱段、肉桂炒香。

❺注入适量开水，用大火略煮，倒入洗净的桂圆肉。

❻盖上盖，用中小火煮约10分钟，至食材熟透。

❼揭盖，加入盐、鸡粉，淋入适量料酒、生抽。

❽转中火拌匀，再拣出八角、桂皮、葱段，装盘即可。

麻辣豆腐鱼

▌口味：麻辣　▌烹饪方法：焖

原料

净鲫鱼300克，豆腐200克，醪糟汁40克，干辣椒3克，花椒、姜片、蒜末、葱花各少许

调料

盐2克，豆瓣酱7克，花椒粉、老抽各少许，生抽5毫升，陈醋8毫升，水淀粉、花椒油、食用油、水淀粉各适量

做法

❶将洗净的豆腐切开，切小方块备用。

❷用油起锅，放入鲫鱼，煎至两面断生。

❸放入干辣椒、花椒、姜片、蒜末，炒出香辣味。

❹倒入醪糟汁，注入清水，加入豆瓣酱、生抽、盐。

❺淋入花椒油略煮，放入豆腐块拌匀，淋上陈醋提味。

❻盖上盖，焖煮约5分钟，至鱼肉熟软后盛出，装入盘中。

❼锅中汤汁烧热，淋入老抽，用水淀粉勾芡，制成味汁。

❽盛出味汁浇在鱼身上，点缀上葱花，撒上花椒粉即成。

酸菜小黄鱼

▌口味：酸辣 ▌烹饪方法：煮

🌶 原料

黄鱼400克，灯笼泡椒20克，酸菜50克，姜片、蒜末、葱段各少许

🍲 调料

生抽5毫升，生粉15克，豆瓣酱15克，盐2克，鸡粉2克，辣椒油5毫升，食用油适量

🍴 做法

①酸菜切成条，再切成丁，剁碎；灯笼泡椒切成小块。

②黄鱼处理干净，用盐、生抽抹均匀，撒入生粉抹匀。

③热锅注油，烧至五成热，放入黄鱼炸至金黄色，捞出。

④锅底留油，放入蒜末、姜片，爆香，倒入酸菜炒匀。

⑤放入灯笼泡椒，翻炒匀。

⑥加入适量清水，放入豆瓣酱、盐、鸡粉调味。

⑦淋入辣椒油，翻炒匀，煮至沸。

⑧放入炸好的黄鱼，煮约2分钟，装盘，放入葱段即可。

剁椒鲈鱼

口味：香辣 | **烹饪方法：蒸**

原料

海鲈鱼350克，剁椒35克，葱条适量，葱花、姜末各少许

调料

鸡粉2克，蒸鱼豉油30毫升，芝麻油适量

制作指导：

在海鲈鱼上切的花刀可以切得深一些，这样更易入味。

① 处理干净的海鲈鱼由背部切上花刀，装盘待用。

② 剁椒、姜末、蒸鱼豉油、鸡粉拌匀，制成辣酱。

③ 取一个蒸盘，铺上葱条，放海鲈鱼、辣酱，淋入芝麻油。

④ 蒸锅上火烧开，放入蒸盘，盖上盖，中火蒸10分钟。

⑤ 取出蒸盘，浇上蒸鱼豉油，点缀上葱花即成。

✕ 做法

❶酸菜切片；鲇鱼洗净，用生抽、盐、鸡粉、料酒、生粉腌渍。

❷蒜头、鲇鱼块入锅炸1分钟捞出，锅中留油，爆香姜片、八角。

❸放入酸菜，加豆瓣酱、生抽、盐、鸡粉、白糖炒匀。

❹注清水煮沸，倒入鲇鱼炒匀，淋入老抽，翻炒匀。

❺倒入水淀粉勾芡，翻炒片刻，装盘，撒上葱段即可。

酸菜炖鲇鱼

▌口味：酸辣　▌烹饪方法：煮

🌶 原料

鲇鱼块400克，酸菜70克，姜片、葱段、八角、蒜头各少许

🍲 调料

盐3克，生抽9毫升，豆瓣酱8克，鸡粉4克，老抽1毫升，白糖2克，料酒4毫升，生粉、水淀粉、食用油各适量

制作指导：

清洗鲇鱼时，一定要把鲇鱼卵清除干净，因鲇鱼卵有毒，不能食用。

干烧鳝段

| 口味：麻辣 | 烹饪方法：炒

原料

鳝鱼肉120克，水芹菜20克，蒜薹50克，泡红椒20克，姜片、葱段、蒜末、花椒各少许

调料

生抽5毫升，料酒4毫升，水淀粉、豆瓣酱、食用油各适量

做法

①洗净的蒜薹切长段；洗好的水芹菜、鳝鱼肉切段。

②锅中注水烧开，倒入备好的鳝鱼段，煮至变色。

③捞出氽煮好的鳝鱼段，备用。

④用油起锅，倒入姜片、葱段、蒜末、花椒，爆香。

⑤放入鳝鱼段、泡红椒，炒匀。

⑥加入生抽、料酒、豆瓣酱炒香。

⑦倒入切好的水芹菜、蒜薹炒至断生。

⑧倒入适量水淀粉，快速炒匀盛出即可。

爆炒鳝鱼

▎口味：香辣　▎烹饪方法：炒

🌶 原料

鳝鱼500克，蒜苗30克，青椒20克，红椒30克，干辣椒5克，姜片、蒜末、葱白各少许

🍲 调料

盐3克，豆瓣酱10克，辣椒酱10克，鸡粉2克，生粉、水淀粉、料酒、生抽、老抽、食用油各适量

🍴 做法

❶洗净的青椒、红椒切片；蒜苗、鳝鱼均洗净，切段。

❷鳝鱼加盐、料酒、生粉，拌匀，腌渍10分钟。

❸锅中加入适量清水烧开，倒入鳝鱼，汆去血水后捞出。

❹用油起锅，倒入姜片、蒜末、葱白、干辣椒爆香。

❺倒入蒜苗、青椒、红椒，拌炒匀。

❻倒入鳝鱼，淋入少许料酒，炒香。

❼加盐、鸡粉、豆瓣酱、辣椒酱，炒匀。

❽加生抽、老抽、水淀粉炒匀，盛出装盘即可。

水煮鱼片

| 口味：麻辣　| 烹饪方法：煮

🌶️ **原料**

草鱼550克，花椒1克，干辣椒各1克，姜片10克，蒜片8克，葱白10克，黄豆芽30克，葱花适量

🍲 **调料**

盐6克，鸡粉6克，水淀粉10毫升，辣椒油15毫升，豆瓣酱30克，料酒3毫升，花椒油、胡椒粉、花椒粉、食用油各适量

🍴 **做法**

①草鱼洗净，斩块，鱼脊骨取出斩块，腩骨斩块，鱼肉切片。

②鱼骨加盐、鸡粉、胡椒粉腌渍。

③鱼肉加盐、鸡粉、水淀粉、胡椒粉、食用油腌渍。

④用油起锅，倒入姜片、蒜片、葱白、干辣椒、花椒炒香。

⑤放入鱼骨、料酒、清水、辣椒油、花椒油、豆瓣酱略煮。

⑥放入黄豆芽、盐、鸡粉拌匀后，锅中材料装碗，留下汤汁。

⑦鱼片倒入锅中煮1分钟，再将鱼片和汤汁一起盛入碗中。

⑧锅中加食用油烧热，鱼片撒上葱花、花椒粉、热油即成。

✕🍴 做法

❶ 将草鱼块洗净，加盐、料酒拌匀，腌渍约10分钟。

❷ 姜片入油锅爆香，放入鱼块煎一会儿，至散发出香味。

❸ 撒上蒜末，再倒入啤酒，加入盐、鸡粉调味。

❹ 盖上盖，煮沸后用小火煮约5分钟，至食材熟透。

❺ 取下盖子，搅拌几下，盛出装碗，撒上葱段即成。

啤酒炖草鱼

▌口味：鲜 ▌烹饪方法：炖

🌶 原料

草鱼块350克，啤酒200毫升，姜片、蒜末、葱段各少许

🍲 调料

盐3克，鸡粉2克，料酒4毫升，食用油适量

制作指导：

煎草鱼的时候要不停地转动炒锅，否则容易使鱼肉的味道涩口。

麻辣香水鱼

| 口味：麻辣 | 烹饪方法：煮

🌶 原料

草鱼400克，大葱40克，香菜25克，泡椒25克，酸泡菜70克，姜片、干辣椒、蒜末、葱花各少许

🍲 调料

盐4克，鸡粉4克，水淀粉10毫升，生抽5毫升，豆瓣酱12克，白糖2克，料酒4毫升，花椒、食用油各适量

🍴 做法

①香菜、大葱切段；泡椒切碎；草鱼肉斩块，鱼骨切段。

②鱼头、鱼骨和鱼腩加盐、鸡粉、水淀粉拌匀，腌渍。

③鱼肉加盐、鸡粉、料酒、水淀粉、食用油拌匀，腌渍。

④姜片、蒜末、干辣椒入油锅爆香，倒入大葱段、泡椒炒匀。

⑤放酸泡菜、清水煮沸，加豆瓣酱、盐、鸡粉、白糖调味。

⑥放入鱼骨、鱼头，搅拌均匀，略煮，捞出装碗。

⑦锅内留汤汁烧开，放入鱼肉，淋入生抽拌匀，煮熟。

⑧将鱼肉盛入碗中，撒上香菜、葱花、花椒、热油即可。

✂ 做法

❶ 洗好的红椒切圈；青椒切小块；草鱼肉洗净，切成片。

❷ 鱼片加盐、鸡粉、料酒、水淀粉、食用油腌渍。

❸ 鱼片滑油后捞出摆盘，撒葱花、豆豉、姜片、蒜末入锅炒香。

❹ 加入豆瓣酱、红椒、青椒、生抽、鸡粉、盐炒匀调味。

❺ 注入少许清水调成味汁，将味汁浇在鱼片上即可。

双椒淋汁鱼

▌口味：麻辣 ▌烹饪方法：炒

🌶 原料

草鱼300克，红椒15克，青椒20克，豆豉10克，姜片、蒜末、葱花各少许

🍲 调料

鸡粉3克，盐4克，生抽4毫升，豆瓣酱15克，料酒3毫升，水淀粉7毫升，食用油适量

制作指导：

鱼片入锅滑油的时间不宜太长，以免肉质变老，影响口感。

水煮财鱼

▍口味：香辣 ▍烹饪方法：煮

🌶 原料

生鱼300克，泡椒、姜片、蒜末、蒜苗段各少许

🍲 调料

味精、盐、鸡粉、豆瓣酱、辣椒油、生粉、水淀粉、食用油各适量

制作指导：

煮鱼片时应用中小火慢慢煮，以免将鱼肉煮得太烂。

🍴 做法

❶泡椒切碎；生鱼头切下，鱼骨、鱼头斩块，鱼肉切片。

❷鱼骨加盐、味精、生粉腌渍；鱼肉加盐、水淀粉腌渍。

❸蒜末、姜片、蒜梗、泡椒、豆瓣酱入油锅炒香，倒入鱼骨。

❹加清水煮沸，加味精、盐、鸡粉调味，鱼骨捞出装盘。

❺倒入鱼片煮沸，加辣椒油、蒜叶拌匀，盛出，浇汤汁即可。

✕ 做法

❶ 将银鱼干装入碗中，注入清水，浸泡5分钟。

❷ 捞出，加盐、吉士粉、生粉拌匀；朝天椒切圈。

❸ 银鱼干略炸捞出，锅底留油，放入蒜末、朝天椒圈爆香。

❹ 放入银鱼干，加料酒、胡椒粉、盐、鸡粉、五香粉炒匀。

❺ 加葱花、辣椒油炒匀，盛出即可。

椒盐银鱼

▌口味：香辣　▌烹饪方法：炒

🌶 原料

银鱼干120克，朝天椒15克，蒜末、葱花各少许

🍲 调料

盐1克，生粉、胡椒粉、鸡粉、吉士粉、料酒、辣椒油、五香粉、食用油各适量

制作指导：

炸银鱼干要把握好时间和火候，以免炸糊。

❶洗好的蒜薹切段；洗净的红椒切条；鱿鱼洗净，切丝。

❷鱿鱼丝加盐、鸡粉，淋入适量料酒，搅拌均匀。

❸水烧开，倒入鱿鱼丝，煮至变色捞出。

❹用油起锅，放入鱿鱼丝、料酒、红椒、蒜薹、剁椒炒均匀。

❺加生抽、鸡粉、水淀粉炒片刻，盛出装盘即可。

剁椒鱿鱼丝

▌口味：香辣　　▌烹饪方法：炒

🌶 原料

鱿鱼300克，蒜薹90克，红椒35克，剁椒40克

🍲 调料

盐2克，鸡粉3克，料酒13毫升，生抽4毫升，水淀粉5毫升，食用油适量

制作指导：

鱿鱼汆水时间不宜太长，以免入锅炒制的时候肉质变老。

蒜薹拌鱿鱼

▌口味：香辣　▌烹饪方法：拌

原料

鱿鱼肉200克，蒜薹120克，彩椒45克，蒜末少许

调料

豆瓣酱8克，盐3克，鸡粉2克，生抽、料酒各5毫升，辣椒油、芝麻油、食用油各适量

做法

❶洗净的蒜薹切小段；洗好的彩椒、鱿鱼肉切丝。

❷鱿鱼丝装碗，加盐、鸡粉，淋入料酒，拌匀，腌渍。

❸水烧开，放入食用油、蒜薹、彩椒，加盐，煮半分钟捞出。

❹沸水锅中再倒入鱿鱼丝，氽煮片刻后捞出沥干。

❺将焯煮熟的蒜薹和彩椒倒入碗中，放入鱿鱼丝。

❻加盐、鸡粉、豆瓣酱、蒜末、辣椒油、生抽拌匀。

❼倒入适量芝麻油，快速搅拌匀，至食材入味。

❽取一个干净的盘子，盛入拌好的菜肴，摆好盘即成。

姜丝炒墨鱼须

▌口味：香辣 ▌烹饪方法：炒

🌶️ 原料

墨鱼须150克，红椒30克，生姜35克，蒜末、葱段各少许

🍲 调料

豆瓣酱8克，盐、鸡粉各2克，料酒5毫升，水淀粉、食用油各适量

制作指导：

墨鱼须汆水前先拍上少许生粉，这样更容易保有其鲜美的口感。

🍴 做法

❶生姜切细丝；洗好的红椒切粗丝；墨鱼须洗净，切段。

❷水烧开，倒入墨鱼须、料酒，煮半分钟后捞出。

❸用油起锅，放入蒜末，撒上红椒丝、姜丝爆香。

❹倒入汆过水的墨鱼须，快速翻炒至肉质卷起。

❺加料酒、豆瓣酱、盐、鸡粉、水淀粉、葱段炒熟即成。

 做法

① 把泡小米椒切开备用；洗净的墨鱼切成小片。

② 墨鱼片加盐、味精、白糖、葱姜酒汁、水淀粉腌渍。

③ 墨鱼入油锅炸1分钟捞出，锅底留油，倒入葱白、姜片炒香。

④ 倒入墨鱼、蚝油、灯笼泡椒、泡小米椒炒匀。

⑤ 用水淀粉勾芡，加芝麻油、葱叶炒匀，出锅即成。

泡椒墨鱼

▌口味：香辣　　▌烹饪方法：炒

原料

墨鱼500克，灯笼泡椒、泡小米椒各20克，姜片、葱段各少许

调料

盐、味精、白糖、葱姜酒汁、水淀粉、芝麻油、耗油、食用油各适量

制作指导：

新鲜墨鱼烹制前，要将其内脏清除干净，因其内脏中含有大量的胆固醇，多食无益。

豆花鱼火锅

▌口味：麻辣 ▌烹饪方法：煮

 原料

豆腐花240克，鱼头块、鱼骨块300克，鱼肉200克，芹菜35克，朝天椒20克，八角、桂皮、花椒各少许

🍲 调料

盐4克，鸡粉4克，白糖2克，料酒20毫升，花椒油12毫升，豆瓣酱7克，辣椒油8毫升，食用油、水淀粉、火锅底料各适量

🍴 做法

① 洗好的芹菜切小段；朝天椒切圈；鱼肉洗净，切片。

② 鱼肉片加盐、鸡粉、料酒、水淀粉、食用油腌渍。

③ 把鱼头、鱼骨洗净，装碗，放盐、鸡粉、料酒腌渍。

④ 用油起锅，加八角、桂皮、花椒、火锅底料炒化。

⑤ 倒入鱼头、鱼骨、料酒，炒匀，注入清水，略煮。

⑥ 加豆瓣酱、白糖、花椒油、辣椒油略煮，盛入火锅盆中。

⑦ 锅留汤汁烧热，倒入鱼片、豆腐花、朝天椒煮至断生。

⑧ 盛出材料，倒入火锅中，点缀上备好的芹菜即可。

做法

①酸菜切碎；小黄鱼加盐、鸡粉、生抽、料酒、生粉腌渍。

②油烧热，放入小黄鱼，炸1分钟捞出，沥干油，待用。

③葱段、姜片、蒜末入油锅爆香，放入剁椒、酸菜炒匀。

④加入豆瓣酱、鸡粉、盐、料酒炒香，倒入清水煮沸。

⑤放入小黄鱼煮熟盛出，汤汁加水淀粉制稠汁，浇鱼上即成。

酸菜剁椒小黄鱼

■ 口味：酸辣　　■ 烹饪方法：煮

原料

小黄鱼230克，酸菜80克，剁椒20克，姜片、蒜末、葱段各少许

调料

豆瓣酱5克，盐、鸡粉各2克，生粉7克，生抽4毫升，料酒7毫升，水淀粉、食用油各适量

制作指导：

酸菜切碎后可用清水多冲洗几次，这样才能将其杂质去除干净。

❶ 洗净的红椒切圈；宰杀处理干净的牛蛙切成块。

❷ 牛蛙加料酒、盐、鸡粉、生粉腌渍后入沸水中略煮。

❸ 油锅爆香姜片、蒜末、葱白、花椒、干辣椒，放牛蛙、料酒。

❹ 加豆瓣酱、水、辣椒油、剁椒、盐、鸡粉煮入味。

❺ 加花椒油，放入红椒圈炒匀，加水淀粉炒匀即成。

水煮牛蛙

▌口味：麻辣　▌烹饪方法：煮

🌶 原料

牛蛙300克，红椒50克，干辣椒2克，剁椒30克，花椒、姜片、蒜末、葱白各少许

🍴 调料

盐4克，鸡粉3克，生粉、料酒、水淀粉、花椒油、辣椒油、豆瓣酱、食用油各适量

制作指导：

牛蛙肉质滑嫩，腌渍的时候生粉不要放太多，以免影响其口感。

✄ 做法

❶ 处理干净的牛蛙去蹼趾、头部，斩块；灯笼泡椒切开。

❷ 牛蛙块加盐、鸡粉、料酒、食用油拌匀，腌渍10分钟。

❸ 油锅爆香姜片、蒜末、葱白、干辣椒，倒入牛蛙炒至变色。

❹ 淋入料酒，加蚝油炒匀，倒入蒜梗、红椒段。

❺ 倒入灯笼泡椒、生抽、鸡粉、水淀粉、熟油炒匀即可。

泡椒牛蛙

▌口味：香辣　▌烹饪方法：炒

🌶 原料

牛蛙200克，灯笼泡椒20克，干辣椒2克，红椒段、蒜梗各10克，姜片、蒜末、葱白各少许

🍲 调料

盐3克，水淀粉10毫升，鸡粉3克，生抽、蚝油、食用油、料酒各适量

制作指导：

腌渍牛蛙时，要充分搅拌，使调料均匀粘附到牛蛙上，以去其腥味。

串串香辣虾

| 口味：香辣 | 烹饪方法：炒

原料

基围虾250克，竹签10根，干辣椒2克，红椒末、蒜末各3克，葱花少许

调料

盐3克，味精1克，辣椒粉2克，芝麻油3克，食用油适量

做法

①洗净的基围虾去掉头须和脚。

②取一根竹签，由虾尾部插入，把虾穿好备用。

③热锅注油，烧至五成热，倒入基围虾，炸2分钟捞出。

④锅留底油，倒入蒜末、红椒末爆香。

⑤倒入准备好的干辣椒，加入切好的葱花炒香。

⑥倒入基围虾。

⑦加盐、味精、芝麻油、辣椒粉，翻炒匀调味至入味。

⑧把香辣虾取出，装盘，再将锅中香料铺在上面即成。

洋葱爆炒虾

口味：鲜 ｜ 烹饪方法：炒

🌶 原料

洋葱90克，基围虾60克，姜片、蒜末各少许

🍲 调料

盐2克，鸡粉2克，生抽、料酒、水淀粉、食用油各适量

🍴 做法

❶将去皮洗净的洋葱切条，改切成小块。

❷洗好的基围虾去除头须、虾脚，再将其背部切开。

❸用油起锅，下入姜片、蒜末，爆香。

❹倒入准备好的基围虾，翻炒至转色。

❺放入切好的洋葱，拌炒匀。

❻淋入生抽。

❼再加盐、鸡粉、料酒，炒匀调味。

❽倒入适量水淀粉，快速拌炒均匀，盛出装盘即可。

❶将洗净的苦瓜切片；洗好的虾仁切开背部，去除虾线。

❷虾仁加盐、鸡粉、水淀粉、食用油拌匀，腌渍。

❸水烧开，撒上食粉，分别倒入苦瓜片、虾仁略煮捞出。

苦瓜黑椒炒虾球

▌口味：鲜 ▌烹饪方法：炒

🌶 原料

苦瓜200克，虾仁100克，泡小米椒30克，姜片、蒜末、葱段各少许

🍲 调料

盐3克，鸡粉2克，食粉少许，料酒5毫升，生抽6毫升，黑胡椒粉、水淀粉、食用油各适量

制作指导：

烹饪时，可以将苦瓜的白色膜刮去，这样能减轻其苦味。

❹黑胡椒粉、姜片、蒜末、葱段、泡小米、虾仁入油锅炒匀。

❺加料酒、苦瓜片、鸡粉、盐、生抽、水淀粉炒熟即成。

🍴 做法

❶将洗净的紫苏叶切碎；豆豉切碎，剁成末，待用。

❷丁螺入沸水煮3分钟捞出洗净；姜片、蒜末、葱段入油锅爆香。

❸倒入红椒圈、豆豉末、紫苏叶炒香，倒入丁螺。

❹加料酒、豆瓣酱、生抽、盐、鸡粉、辣椒油，加清水炒匀。

❺大火收汁，倒入水淀粉炒匀，盛出装盘即成。

紫苏豉酱炒丁螺

▌口味：香辣　▌烹饪方法：炒

🌶 原料

丁螺350克，紫苏叶10克，豆豉、姜片、蒜末、葱段、红椒圈各少许

🍲 调料

豆瓣酱15克，盐2克，鸡粉少许，生抽5毫升，料酒7毫升，辣椒油10毫升，水淀粉、食用油各适量

制作指导：

丁螺在氽煮前先浸泡一夜，以使其吐尽脏物，食用起来会更健康。

PART 3
就爱这个
湘味儿

湘菜源远流长，在几千年的悠悠岁月中，经过历代的演变与进化，逐步发展成为颇负盛名的中国八大菜系之一。

湘菜以酸辣香浓、熏腊味厚、质嫩色亮等特点吸引着众多爱好美味的人，本章将详细介绍湘菜的基本特色和烹饪方法，让您成为湘菜烹饪达人！

话说诱惑湘菜

湘菜在八大菜系中占有重要的位置，以其酸辣够劲、酸鲜脆美而闻名，美味的湘菜经过历代劳动人民的智慧不断发展壮大，让我们一起来寻根溯源，去发现湘菜最真实的秘密！

◎ 湘菜的源流

湘菜是我国八大菜系之一，悠久的历史，源远流长，根深叶茂，在几千年的悠悠岁月中，经过历代的演变与进化，逐步发展成为颇负盛名的地方菜系。

早在战国时期，伟大的爱国诗人屈原在其著名诗篇《招魂》中，就记载了当地的许多菜肴。西汉时期湘菜的烹饪技艺就已达到一定水平，据对马王堆汉墓出土之烹食残留物及一套竹简菜谱进行考究，证明当时楚人已利用数十种动植物烹制菜肴，显见湘菜发展历史至少已有两千多年，可谓源远流长。

很早以前，仅有官府及显达之家雇请厨师为其烹制湘风味菜肴。随后湘菜普及至寻常巷陌，平凡人家。清末，长沙城内始有营业性菜馆，分轩帮、堂帮两种，都以经营湘菜为生，那时曾有十大菜馆，称为"十柱"。永庆街亦曾有一处湘菜祖师庙——詹王官，当时的同仁常聚在此处，切磋技艺，湘菜在多代名师的努力之下，已具较完备的理论，并继承和创新出不少闻名于世的特色佳肴。

湘菜自成体系以来，就以其丰富的内涵和浓郁的地方特色，声播海内外，并同其他地方菜系一起，共同构成中国烹饪这一充满勃勃生机的整体，凝成华夏饮食文化的精华。湘菜更以浓淡分明、口味适中而特立于世，经久不衰，且获大兴之势。

建国后湘菜经系统挖掘和整理技艺日臻精良，在继承传统烹饪技法的同时，不断开拓创新，其美味传播至海内外，国内外各界人士品尝之后，无不常觉口齿留香并大加称赞。

有着2000多年历史的湘菜，经浓郁的湖湘文化沉浸后，开始蓬勃发展，在继承湘菜优点的同时大胆创新，融各家之长，如今已深得全国乃至全球人们的喜爱，在全国的影响也正逐年提升。

◎ 湘菜印象

辣得过瘾

提到湘菜，首先想到的就是辣，湖南人嗜辣，全国知名，这与当地的环境有着密切的关系。湖南气候温和湿润，故人们多喜食辣椒，用以提神去湿。特别是用酸泡菜作调料，佐以辣椒烹制出来的菜肴，开胃爽口，深受青睐，成为独具特色的地方饮食习俗。

而提及辣，还不得不说川菜。都说川菜麻辣干香就足以概括，而湘菜的辣与此不同，麻味降低，酱香加浓，它是一种带有厚重咸香味的辣。

湘菜最大的特点是善于食用辣椒，将辣椒的优点发挥到极致。而不同于其他地区单独使用辣椒，湘菜还会将辣椒和别的食材或佐料混合起来，进一步丰富辣椒的口感，"辣"出别样风味。

比如将大红椒用密封的酸坛浸泡，辣中有酸，谓之"酸辣"；除了酸辣，将红辣、花椒、大蒜并举，谓之"麻辣"；将大红辣椒剁碎，腌在密封坛内，辣中带咸，谓之"咸辣"；将大红辣椒剁碎后，拌和大米干粉，腌在密封坛内，食用时可干炒，可搅糊，谓之"鲊辣"；将红辣椒碾碎后，加蒜籽、香豉，泡入茶油，香味浓烈，谓之"油辣"；将大红辣椒放火中烧烤，然后撕掉薄皮，用芝麻油、酱油凉拌，辣中带甜，谓之"鲜辣"。此外，还可用干、鲜辣椒做烹饪配料，吃法更是多种多样。

辣椒在湘菜中具有非常重要的作用，不仅仅是因为它的辣味能够刺激人们的食欲，也因为其中含有丰富的维生素C、β—胡萝卜素、叶酸、镁及钾，对健康非常有帮助。此外，辣椒中的辣椒素还具有抗炎及抗氧化作用，有助于降低心脏病、某些肿瘤及其他一些随年龄增长而出现的慢性病的风险。

善用豆豉

豆豉这种由豆类加工而成的调味品，已有2000多年的历史了。至今，湖南人还保留着吃豆豉的习惯，如"浏阳豆豉"，就是地方名优特产之一。其他如苦瓜、苦荞麦，也都是湖南人所喜爱的食物。

湘俗嗜苦不仅有其历史渊源，而且有其地方特点。湖南地处亚热带，暑热时间较长。祖国传统医学解释暑的含义是：天气主热，地气主湿，湿热交蒸谓之暑，暑到极致感而为病，则称为暑病。而"苦能泻火"、"苦能燥湿"、"苦能健胃",所以人们适当吃些带苦味的食物,有助于清热、除湿、和胃,于卫生保健大有益处。这也便是豆豉受湖南人热捧的原因。

偏爱豆类

湘菜中的豆类及豆制品菜肴丰富多样,长沙的臭豆腐、攸县香干等都是声明远扬的湘菜佳品。豆芽、豆角、豆干、豆腐等湘菜中的豆类菜通常都很鲜嫩,爽脆滑口、回味无穷。

豆类菜的营养主要体现在其丰富蛋白质含量上。豆类菜所含人体必需氨基酸与动物蛋白相似,同样也含有钙、磷、铁等人体需要的矿物质,含有维生素B_1、维生素B_2和纤维素。而豆类菜中却不含胆固醇,因此可以预防肥胖、动脉硬化、高脂血症、高血压、冠心病等。

◎湘菜分类

湘江流域的菜

湘江流域的菜以长沙、衡阳、湘潭为中心,是湖南菜系的主要代表,它制作精细、用料广泛、口味多变、品种繁多。其特点是:油重色浓,讲求实惠,在品味上注重酸辣、香鲜、软嫩。在制法上以煨、炖、腊、蒸、炒诸法见称。煨、炖讲究微火烹调,煨则味透汁浓,炖则汤清如镜。腊味制法包括烟熏、卤制、叉烧,著名的湖南腊肉系烟熏制品,既作冷盘,又可热炒,或用优质原汤蒸,炒则突出鲜、嫩、香、辣,市井皆知。

洞庭湖区的菜

洞庭湖区的菜以烹制河鲜、家禽和家畜见长,多用炖、烧、蒸、腊的制法,其特点是芡大油厚、咸辣香软。炖菜常用火锅上桌,民间则用蒸钵置泥炉上炖煮,俗称蒸钵炉子。往往是边煮边吃边下料,滚热鲜嫩,津津有味,当地有"不愿进朝当驸马,只要蒸钵炉子咕咕嘎"的民谣,充分说明炖菜广为人民喜爱。

湘西菜

湘西菜,擅长制作山珍野味、烟熏腊肉和各种腌肉,口味侧重咸香酸辣,常以柴炭作燃料,有浓厚的山乡风味。

湘西流域以腊味而闻名。"腊",即一种使用烟熏的制作方法。这种制作方法所腌制的食物保质期长而且拥有本身的独特味道。湘西流域主要使用冷烟来熏制食材,且熏制范围广,包括石蛙等食物。

湘西还有很多野生菌类,也是制作湘西菜的好食材。

◎湘菜的特点

食材广泛

湘菜有数千个品种，烹饪原料也十分广博。湘菜对各种原料都能善于利用，善于发现，善于创新，善于吸收，善于消化。

湖南地处长江中游南部，气候温和，雨量充沛，土质肥沃，物产丰富，素称"鱼米之乡"。优越的自然条件和富饶的物产，为千姿百态的湘菜在选料方面提供了源源不断的物质条件。举凡空中的飞禽、地上的走兽、水中的游鱼、山间的野味，都是湘菜的上好原料。至于各类瓜果、时令蔬菜和各地的土特产，更是取之不尽、用之不竭的饮食资源。

风味多样

湘菜之所以能自立于国内烹坛之林，独树一帜，与其丰富的品种和味别密不可分。它品种繁多、门类齐全、风味各异。就菜式而言，既有乡土风味的民间菜式、经济方便的大众菜式，也有讲究实惠美味的筵席菜式、格调高雅的宴会菜式，还有味道随意的家常菜式和疗疾健身的药膳菜式。

精于调味

湘菜历来重视"原料互相搭配，滋味互相渗透"的要求，以达到去除异味、增加美味、丰富口味的目的。调味工艺随着原料质地而异，依菜肴要求不同，有的菜急火起味，有的菜文火浸味，有的菜先调味后制作，有的菜边入味边烹制，有的则分别在加热前或加热中、加热后调味，从而使每个菜品均有独特诱人的风味。

湘菜之所以能成为独处一方的特色风味，对"味"的突出是其精髓、根本所在。湘菜调味技术手段多样，最基本的是利用加热前调味、加热中调味、烹饪后调味的方法，并利用刀工切割大小厚薄一致，使味渗透、覆盖一致而达到受味均匀。还有就是用汤汁调味，使无味的原料入味与汤汁融合产生鲜味。此外，用主料、辅料、味料三者结合产生新的复合味道，用刀、火、料等综合技巧结合，也是湘菜调味的要诀。

调味品——调出独家湘味

湘菜的调料丰富多样，其中以本土调料为主，如浏阳的豆豉、茶陵的蒜、湘潭的酱油、双峰的辣酱、长沙的玉和醋、浏阳河的小曲、醴陵的老姜、辣妹子辣椒酱等。调料的使用，足以彰显湘菜个性。湘菜所用调料多，正是其菜品复合味浓郁的一个原因。

◎浏阳豆豉

浏阳豆豉是湖南浏阳市汉族传统豆制品，知名的土特产。浏阳豆豉以泥豆或小黑豆为原料，经过发酵精制而成，具有颗粒完整匀称、色泽浆红或黑褐、皮皱肉干、质地柔软、汁浓味鲜、营养丰富、久贮不发霉变质的特点，加水泡涨后，汁浓味鲜，是烹饪菜肴的调味佳品。浏阳豆豉以其独特的风味和丰富的营养价值深受民众喜爱。

浏阳生产的豆豉，味道鲜美，气味芳香，无硬心，无杂质，无异味，无灰尘，为调味佳品。它营养丰富，含有糖类、蛋白质、氨基酸、脂肪、酶、烟酸、维生素B_1、维生素B_2等，具有一定的药用功能，能治疗感冒，如以少量豆豉加老姜或葱白、胡椒煎服，可去寒解表。

◎茶陵紫皮大蒜

茶陵紫皮大蒜因皮紫肉白而得名，其种植历史悠久，曾因品质上乘，明清时被列为"贡品"，其品质一直为国内外客商及消费者所公认。特别是采用传统工艺加工而成的"伏蒜"产品，香辣适中，口感纯正，畅销省内外。

茶陵紫皮大蒜的蛋白质、大蒜素、挥发性油等含量高于其他大蒜，而水分偏低。大蒜素是紫皮大蒜中含的一种挥发性油状物，具有杀菌、增强免疫力、促进生长等功能，也是大蒜具有防癌作用的关键物质。

◎长沙玉和醋

玉和醋是以优质糯米为主原料，以紫苏、花椒、茴香、食盐为辅料，以炒焦的草米为着色剂，采用传统的静面发酵工艺，从选（泡）米、蒸料到发酵、酿造，历经10余道工序而最终制成。与山西老陈醋、镇江香醋一样，长沙玉和醋也是全国醋中翘楚。玉和醋具有浓而不浊、芳香醒脑、越陈越香、酸而鲜甜四大特点，是日常烹调佳料，还具有开胃生津、和中养颜、醒脑提神等多种药用价值。

◎ 永丰辣酱

永丰辣酱是湖南省双峰县的汉族传统特色名产，因原产于该县永丰镇而得名。永丰辣酱以味鲜肉厚的灯笼辣椒为主要原料，先把小麦蒸煮、发酵、磨制、加盐调水，最终曝晒成酱，它既是一种调味品，又是一种风味小吃，具有独特的风味和丰富的营养成分。

永丰辣酱作为低脂肪、低糖分、无化学色素、无公害的纯天然制品，不仅口感好、食用方便，可作各种食物的调色调味佐料，而且能开胃健脾、增进食欲、除寒祛湿、防治感冒。其中的蒜仁、地蚕、蕨根等配料，还具有杀菌抗病等药用保健作用。因而，永丰辣酱越来越受到大众喜爱。

双峰县地处湘中，属中亚热带季风湿润气候区，具有明显的大陆性气候，生物多样种群发达，热量丰富，年平均气温17℃，无霜期长，严寒期短，昼夜温差较大，雨量充沛，光能充足，因而适合多种辣酱品种及大豆等辣酱原料作物的生长。辣椒品种10多个，其中所产灯笼辣椒不仅产量高，而且富含蛋白质和人体所需的铁、磷、钙及多种维生素，为永丰辣酱的生产和发展提供了物质基础。

◎ 湘潭龙牌酱油

酱油是用豆、麦、麸皮酿造而成的液体调味品，色泽红褐色，有独特酱香，滋味鲜美，有助于促进食欲。其中湖南地区出产的湘潭龙牌酱油历史悠久，以汁浓郁、色乌红、香温馨为特点，被称为"色香味三绝"。

湘潭龙牌酱油的选料、制作乃至储器都十分讲究，其主料采用脂肪、蛋白质含量较高的澧河黑口豆、荆河黄口豆和湘江上游所产的鹅公豆，辅料食盐专用结晶子盐，胚缸则用体薄传热快、久储不变质的苏缸。生产中，浸籽、蒸煮、拦料、发酵、踩缸、晒坯、取油七道工序，环环相扣，严格操作，一丝不苟。

湘潭龙牌酱油具有色美味鲜、香味浓郁、咸中带甜、久贮无浑浊、无沉淀、无霉花等特点，是烹饪湘菜的好调料。

大厨支招做湘菜

湘菜发展很快，逐步成为我国著名的地方风味之一。湘菜特别讲究原料的入味，技法多样，有炖、蒸、焖、煨、烧、炒、溜、煎、熏、腊等方法，尤以"蒸"菜见长，而最为精湛的技法是煨。

◎巧用煨法

湘菜历史悠久，在热烹、冷制、甜调三大类烹调技法中，每类技法少则几种，多则有几十种。相对而言，湘菜的煨功夫更胜一筹，几乎达到炉火纯青的地步。

煨在色泽变化上又分为"红煨"、"白煨"，在调味上则分为"清汤煨"、"浓汤煨"、"奶汤煨"等，都讲究小火慢煨，原汁原味。

湘菜中许多煨出来的菜肴，有的晶莹醇厚，有的汁纯滋养，有的软糯浓郁，有的酥烂鲜香，成为湘菜中的名馔佳品。

◎巧用姜

姜是许多菜肴中不可缺少的香辛调味品，但怎样使用，却不是人人必晓的。用得恰到好处可以使湘菜菜肴增鲜添色，反之就会弄巧成拙。

我们在烹制湘菜时经常会遇到一些问题：如做鱼丸时在鱼茸中掺加姜葱汁，再放其他调味品搅拌上劲，挤成鱼丸，可收到鲜香滑嫩、色泽洁白的效果。若把生姜剁成米粒状，拌入鱼茸里制成的鱼丸，吃在嘴里就会垫牙辣口，且色彩发暗、味道欠佳。

又如在烧鱼前，应先将姜片投入少量油锅中煸炒炝锅，后下鱼煎烙两面，再加清水和各种调味品，鱼与姜同烧至熟。这样用姜不仅煎鱼时不粘锅，且可去膻解腥。但如果姜片与鱼同下或做熟后撒下姜米，其效果会欠佳。

因此，在烹调中要视菜肴的具体情况，合理、巧妙地用姜。

◎巧使原料入味

湘菜特别讲究原料的入味，注重主味的突出和内涵的精当。湘菜十分强调入味、透味和本味的关系。在制作菜肴中，每一种食材都有其独特的味道。制作菜肴则要让这些味道融合，成为菜肴本身独特的味道。比如制作苦瓜鸡蛋。如果先炒熟苦瓜，放盐入味，然后和蛋搅拌再下锅就能让蛋有苦瓜的味道，而苦瓜也能有蛋的香味。

调味工艺随原料质地而异，如急火起味的"溜"，慢火浸味的"煨"，选调味后制作的"烤"，边入味边烹制的"蒸"，等等，味感的调摄精细入微。

湘菜调味，特色是"酸辣"。"酸"是酸泡菜之酸，比醋更为醇厚柔和。辣则与地理位置有关。湖南大部分地区地势较低，气候温暖潮湿，古称"卑湿之地"。而辣椒有提热、开胃、去湿、驱风之效，故深得湖南人民喜爱。久而久之，便形成了地区性的、具有鲜明味感的饮食习俗。

◎巧用焯水法

焯水，就是将初步加工的原料放在开水锅中加热至半熟或全熟，取出以备进一步烹调或调味。它是烹调中，特别是冷拌菜烹调中不可缺少的一道工序，对菜肴的色、香、味，特别是色起着关键作用。

焯水的应用范围较广，大部分蔬菜和带有腥膻气味的肉类原料都需要焯水。焯水可以使蔬菜颜色更鲜艳，质地更脆嫩，减轻涩、苦、辣味，还可以杀菌消毒。如菠菜、芹菜、油菜通过焯水变得更加艳绿；苦瓜、萝卜等焯水后可减轻苦味；扁豆中含有的血球凝集素，通过焯水可以解除，等等。焯水还可以使肉类原料去除血污及腥膻等异味，如牛、羊、猪肉及其内脏焯水后都可减少异味。

焯水的方法主要有两种：一种是开水锅焯水，另一种是冷水锅焯水。

开水锅焯水，就是将锅内的水加热至滚开，然后将原料下锅。下锅后及时翻动，时间要短，要讲究色、脆、嫩，不要过火。这种方法多用于植物类原料，如芹菜、菠菜、莴笋等。焯水时要特别注意火候，时间稍长，颜色就会变淡，而且也不脆、嫩。因此放入锅内后，水微开时即可捞出凉凉。不要用冷水冲，以免造成新的污染。

冷水锅焯水，是将原料与冷水同时下锅。水要没过原料，然后烧开，目的是使原料成熟，便于进一步加工。土豆、胡萝卜等因体积大，不易成熟，需要煮的时间长一些。有些动物类原料，如猪肉、牛百叶、牛肚等，也是冷水下锅加热成熟后再进一步加工的。有些用于煮汤的动物类原料也要冷水下锅，在加热过程中使营养物质逐渐溢出，使汤味鲜美，如用热水锅，则会造成蛋白质凝固。

了解湘味经典

　　湘菜的每一道菜肴都凝聚着劳动人民的智慧，或简单省事，让辛苦一天的人轻松享受美味，或复杂繁复，凝聚着对亲人的祝愿。让我们一起来了解湘菜经典，体验最传统的智慧！

◎冰糖湘莲

　　冰糖湘莲是湖南甜菜中的名肴，这道菜汤清，莲白透红，莲子粉糯，清香宜人，白莲浮于清汤之上，宛如珍珠浮于水中，是著名湘菜之一。

　　湘莲主要产于洞庭湖区一带，湘潭为著名产区，市内以花石、中路铺两地所产最多，质量也最好，有红莲、白莲之分，其中白莲圆滚洁白，粉糯清香，位于全国之首。西汉年间都是用白莲向汉高祖刘邦进贡，故湘莲又称贡莲。

　　湘白莲不但风味独佳，而且营养丰富，莲肉富含淀粉、蛋白质、钙、磷、铁和维生素B_1等。古时莲子就为高级补品，古典名著《红楼梦》里，记述元春回贾府省亲，贾府在宴请贵妃的宴席上，就有"莲子羹"，当宝玉挨打养伤时，也吃"莲子羹"。李时珍《本草纲目》曰："莲子，补中养神，益气力，久服轻身耐老，不饥延年。"莲子性平，味甘且涩，具有降血压、健脾胃、安神固精、润肺清心的功效。

◎腊味合蒸

　　腊味是湖南特产，主要有猪、牛、鸡、鱼、鸭等品种，任选其中三种腊味一同蒸熟即为"腊味合蒸"，吃时腊香浓重、咸甜适口、柔韧不腻，是用来送饭的首选。

　　腊味合蒸的成名相传还与一位乞丐有关。从前，在湖南一小镇上有家饭馆，店主刘七为逃避财主逼债流落他乡，以乞讨为生。一日来到省城，因时近年关，人家就把家里腌制的鱼肉鸡拿点给他。刘七见天色已晚，早已饥肠辘辘，便把腊鱼、腊肉、腊鸡等略一洗净，加上些许调料装进蒸钵，蹲在一大户人家屋檐下，生起柴火蒸开了。此时大户人家正在用餐，且席上嘉宾满座。酒过三巡，菜已上足，忽又飘来阵阵勾鼻浓香。主人忙问家童，还有何等佳肴，快快端来。家童明知菜全上完，怎有遗漏？但还是跑进厨房，真的闻到一股浓香从窗外飘来。他赶紧打开后门观看，只见一乞丐蹲在地上，刚掀开热气腾腾的蒸钵盖，准备享用。家童二话不说，上前端起蒸钵就走。刘七一急，紧追而来。一客人见刚出炉的蒸钵，忙伸箸夹进嘴里，连说好吃。此客人乃当地富翁，在长沙城里开一大酒楼。于是当面问明刘七身份，带他回去在自家酒楼掌勺，挂出"腊味合蒸"菜牌，果然引得四方食客前来尝鲜。从此"腊味合蒸"作为湘菜留传下来。

◎东安子鸡

东安子鸡是湖南的传统名菜，它始于唐代，相传唐玄宗开元年间，湖南东安县城里，有一家三个老年妇女开的小饭馆，某晚来了几位经商客官，当时店里菜已卖完，店主提来两只活鸡，马上宰杀洗净，切成小块，加上葱、姜、辣椒等佐料，经旺火、热油略炒，加入盐、酒、醋焖烧后，浇上麻油出锅，鸡肉香味扑鼻，吃口鲜嫩，客官吃后非常满意，事后到处宣扬，小店声名远播，各路食客都慕名到这家小店吃鸡，于是此菜逐渐出名，东安县县太爷风闻此事，也亲临该店品尝，为之取名为"东安鸡"，流传至今已有一千多年的历史，成为湖南著名菜肴。

传说，北伐战争胜利后，国民革命军第八军军长唐生智在南京设宴款待宾客，席中有"东安鸡"一菜，宾客食后赞不绝口。郭沫若《洪波曲》载：抗日战争时期，唐将军在长沙水陆洲的公馆里，曾设宴招待了他，其间也有东安子鸡这道菜。1972年2月美国总统尼克松访华，毛泽东主席宴请尼克松时，曾用东安鸡等湘菜招待他，尼克松吃得很高兴，边吃边赞赏，回国后还大肆赞扬"东安鸡"味美可口，久食不厌。

◎祖庵鱼翅

祖庵鱼翅又叫红煨鱼翅，是湖南传统名菜。此菜颜色淡黄、汁明油亮、软糯柔滑、鲜咸味美、醇香适口，是清末湖南督军谭延闿家宴名菜。谭延闿字祖庵，是一位有名的美食家，他的家厨曹敬臣，跟随谭先生多年，摸透了谭的食好，经常花样翻新，他将红煨鱼翅的方法改为鸡肉、五花肉与鱼翅同煨，成菜风味独特，备受谭延闿赞赏。祖庵无论自己请客或别人请他吃饭，都按他的要求制作此菜，后来人们称为祖庵大菜，饮誉三湘。

祖庵鱼翅用料讲究，制作独特。需选脊翅，去粗取精；另用母鸡一只，猪前肘一个，虾仁、干贝、香菇等佐料适量备用。母鸡、猪肘同时用中火开，小火煨好取汤。鱼翅胀发后用畜汤蒸制后，再入虾仁、干贝、香菇等佐料煨烂而成。此菜味道醇厚，鱼翅糯软，营养丰富，实为菜中珍品。

◎霸王别姬

霸王别姬是传统湘菜，问世于清代末年。本世纪，长沙的玉楼东、曲园、潇湘、老怡园酒家常有供应。霸王别姬用甲鱼和鸡为主要原料，辅以香菇、火腿、料酒、葱、姜、蒜等佐料，采取先煮后蒸的烹调方法精制而成。制法精巧，吃法独特，鲜香味美，营养丰富，一经品尝，留齿犹香，是酒席筵上的佳品。

◎百鸟朝凤

百鸟朝凤是一道传统湘菜，象征欢聚一堂，其乐融融。选一只肥嫩母鸡宰杀，去血褪尽鸡毛，除掉嘴壳、脚皮，从颈翅之间用刀划开一寸长左右的鸡皮，取出食管、食袋、气管；再从肛门处横开一寸半长左右的口子，取出其余鸡内脏，清洗干净，这样，整个鸡的形体未遭破坏。然后将整鸡用旺火蒸至鸡肉松软，再放入去壳的熟鸡蛋，续蒸20分钟左右，即从蒸笼取出蒸铺，倒出原汤于干净锅中，将鸡翻身转入大海碗内，剔去姜片，原鸡汤烧开，加菜心、香菇，再沸时起锅盛入鸡碗内，撒上适量胡椒粉。至此，便成一道鸡身隆起、鸡蛋和白菜心浮现于整鸡周围的形同百鸟朝凤的美味佳肴。

◎牛中三杰

所谓牛中三杰是指发丝牛百叶、红烧牛蹄筋和烩牛脑髓。发丝牛百叶要选用牛肚内壁皱褶部位，切细如发，色泽美观，味道酸辣，质地脆嫩，入口酸、辣、咸、鲜、脆五味俱全；红烧牛蹄筋选用牛蹄筋，加桂皮、绍酒、葱节、姜片等精制而成，软糯可口，味道鲜香；烩中脑髓的成品白、绿、褐三色相间，脑髓细嫩无比，气味芳香，汤汁鲜美。

牛中三杰曾在李合盛餐馆显赫一时。著名剧作家田汉在湘时，对李合盛餐馆的牛中三杰怀有特殊的感情。有一天，田汉与湘乡名士邓攸园共饮时，邓酒酣脱口说出一联：穆斯林合资开牛肉餐馆；田汉应声对出：李老板盛情款湘上酒徒。正好镶入李合盛三字。李大喜，遂拿来笔砚，请田汉书赠留念，传为美谈。

PART 4
火辣
湘菜

　　湘菜因品种丰富、味感鲜明而备受人们喜爱，以其独特的魅力征服着众多吃货的味蕾，不管是繁华的街区还是安静的小巷，都能看到湘菜馆的影子，由此可见湘菜受欢迎的程度。

　　本章主要介绍湘菜的烹饪方法，每道菜都配有精美的大图和详细的步骤图，让你轻松学会制作最美味的湘菜，还原最地道的口感。

素菜类

豆豉剁辣椒

■ 口味：咸辣　■ 烹饪方法：腌

🌶 原料

红椒100克，豆豉20克，柠檬1个

🍲 调料

盐20克，白糖8克

🍴 做法

❶ 把洗净的柠檬切开，切成薄片，压挤出柠檬汁待用。

❷ 洗净的红椒切粒，倒入碗中，倒入柠檬汁。

❸ 放入豆豉，撒上盐，拌匀至盐溶化，再倒入白糖。

❹ 拌约1分钟至白糖完全溶化。

❺ 将拌好的食材盛入玻璃罐，倒入碗中的汁液。

❻ 盖上瓶盖，放在避光阴凉处泡制7天，取出食材即成。

❶把洗净的包菜切去菜根，再切成小块，放入容器中待用。

❷取一个大碗，倒入干辣椒、辣椒面、盐、白醋、白酒。

❸注入适量凉开水，搅拌均匀，放入切好的包菜，拌匀。

❹将搅拌好的材料连同汤汁一起盛入玻璃罐中。

醋椒酸包菜

▌口味：酸辣 ▌烹饪方法：腌

🌶 原料

包菜300克，辣椒面7克，干辣椒5克

🍲 调料

盐30克，白醋50毫升，白酒15毫升

制作指导：

倒入汁液后要将包菜压紧，挤出空气，这样能使成品的味道更好。

❺盖上瓶盖，放在阴凉干燥处4天，取出腌好的包菜即可。

清炒黄瓜片

▮ 口味：香辣　▮ 烹饪方法：炒

🌶 原料

黄瓜170克，红椒25克，蒜末适量，葱段少许

🍲 调料

盐2克，鸡粉2克，水淀粉3毫升，食用油适量

🍴 做法

①洗净去皮的黄瓜对半切开，切成长条，用斜刀切小块。

②洗净的红椒对半切开，切成小块。

③用油起锅，放入蒜末，爆香。

④倒入切好的红椒、黄瓜，翻炒均匀。

⑤放入盐、鸡粉，炒匀调味。

⑥再加入少许清水，翻炒匀，至锅中食材熟软。

⑦倒入水淀粉，将锅中食材快速炒匀，放入葱段。

⑧再翻炒至断生，将炒好的食材盛出，装入盘中即可。

黄瓜蒜片

口味：香辣 | **烹饪方法：炒**

🌶 原料

黄瓜140克，红椒12克，大蒜13克

🍲 调料

盐2克，鸡粉2克，生抽2毫升，水淀粉、食用油各适量

🍴 做法

①将洗净去皮的大蒜切片；洗好的黄瓜去皮，切成小块。

②红椒清洗干净，切小块。

③用油起锅，倒入蒜片，用大火爆香。

④倒入红椒、黄瓜，翻炒匀至其熟软。

⑤加入盐、鸡粉，再淋入生抽。

⑥拌炒均匀，至红椒和黄瓜完全入味。

⑦加入少许清水，快速拌炒一会儿。

⑧倒入水淀粉勾芡，起锅，盛出，装入碗中即成。

✖ 做法

❶将洗净的西葫芦切成小块；洗好的红椒去籽，切小块。

❷锅中注水烧开，倒入西葫芦，煮至断生后捞出，沥干。

❸姜末、蒜末、葱末、红椒入油锅爆香，倒入西葫芦炒匀。

❹放入盐、白糖，再倒入陈醋，翻炒匀至西葫芦入味。

❺加入水淀粉，快速炒匀，关火后盛出，装入盘中即可。

醋熘西葫芦

▌口味：酸辣 ▌烹饪方法：炒

🌶 原料

西葫芦120克，红椒15克，姜末、蒜末、葱末各少许

🍲 调料

盐2克，白糖2克，陈醋5毫升，水淀粉、食用油各适量

制作指导：

西葫芦易熟，所以烹煮的时间不要太长，以免营养物质过多流失。

腐乳凉拌鱼腥草

▌口味：酸辣　▌烹饪方法：拌

原料
巴旦木仁20克，鱼腥草50克，腐乳8克，香菜叶适量

调料
白糖2克，芝麻油、陈醋各5毫升，红油适量

制作指导：
可以将巴旦木仁稍微碾碎一点，这样食用起来口感更好。

做法

①用勺子将腐乳碾碎，加入红油，拌匀，待用。

②取一个碗，放入洗净的鱼腥草。

③加入腐乳、陈醋、白糖、芝麻油、红油、巴旦木仁拌匀。

④取盘子，将拌好的食材装入盘中，放上剩余的巴旦木仁。

⑤点缀上适量香菜叶即可。

① 秋葵、口蘑、杏鲍菇均洗净，切块；红椒洗净，切段。

② 口蘑、杏鲍菇、秋葵、红椒入沸水锅中拌匀，放食用油和盐。

③ 煮一会儿，至食材断生后捞出，沥干水分，待用。

④ 姜片入油锅爆香，倒入泡椒炒香，放入焯过水的食材炒匀。

⑤ 加入盐、鸡粉、水淀粉，翻炒至入味，关火后盛出即可。

✗ 做法

泡椒杏鲍菇炒秋葵

口味：香辣　烹饪方法：炒

原料

秋葵75克，口蘑55克，红椒15克，杏鲍菇35克，泡椒30克，姜片少许

调料

盐3克，鸡粉2克，水淀粉、食用油各适量

制作指导：

泡椒可切开后再烹饪，这样菜肴的味道更佳。

❶ 将泡小米椒切成碎末；把一小部分灯笼泡椒切成细末。

❷ 油锅中加入辣椒碎、姜末、水、盐、鸡粉、白糖，调成辣酱汁。

❸ 冬瓜片放入蒸盘，摆上余下的灯笼泡椒，浇上辣酱汁。

❹ 蒸锅上火烧开，放入蒸盘，用中火蒸约20分钟。

❺ 揭盖，取出菜肴，拣出灯笼泡椒即可。

泡椒蒸冬瓜

▌口味：香辣 ▌烹饪方法：蒸

🌶 原料

冬瓜片125克，灯笼泡椒70克，泡小米椒25克，姜末少许

🍲 调料

盐少许，鸡粉、白糖各2克，食用油适量

制作指导：

冬瓜先用少许盐腌渍一下，这样菜肴的味道会更好。

❶洗净的冬瓜去皮，切成薄片，备用。

❷锅中注入食用油，倒入姜片、蒜末，用大火爆香。

❸倒入冬瓜，翻炒均匀，放入剁椒，翻炒出辣味。

❹注入清水，用小火煮至冬瓜熟透，加入鸡粉，炒入味。

❺倒入水淀粉勾芡，撒上葱花，炒出香味，出锅即成。

✘ 做法

剁椒冬瓜

▌口味：香辣　▌烹饪方法：焖

🌶 原料

冬瓜250克，剁椒25克，姜片适量，蒜末、葱花各少许

🍲 调料

鸡粉2克，水淀粉、食用油各适量

制作指导：

切冬瓜时刀法要利索一些，以免水分流失，降低其营养价值。

❶将洗净去皮的佛手瓜切成粗丝，装在盘中，待用。

❷用油起锅，放入姜片、蒜末、葱段，用大火爆香。

❸倒入备好的剁椒，炒香、炒透。

❹倒入佛手瓜，翻炒至食材变软，加入盐、鸡粉调味。

❺倒入水淀粉勾芡，翻炒至入味，关火后盛出即成。

剁椒佛手瓜丝

▌口味：香辣 ▌烹饪方法：炒

🌶 原料

佛手瓜120克，剁椒35克，姜片、蒜末、葱段各少许

🍲 调料

盐、鸡粉各2克，水淀粉、食用油各适量

制作指导：

剁椒的咸味较重，不宜放过多调料，以免味道太杂，影响口感。

豆豉炒苦瓜

▌口味：苦 ▌烹饪方法：炒

🌶 原料

苦瓜150克，豆豉、蒜末、葱段各少许

🍲 调料

盐3克，水淀粉、食用油各适量

🍴 做法

❶将洗净的苦瓜切开，去除瓜瓤，用斜刀切成片。

❷锅中注入适量清水烧开，加入少许盐。

❸倒入苦瓜，搅拌匀，再煮约1分钟。

❹焯煮至食材八成熟后捞出，沥干水分，待用。

❺用油起锅，放入豆豉、蒜末、葱段，大火爆香。

❻倒入焯煮过的苦瓜，翻炒匀。

❼加入盐，炒匀调味，再倒入水淀粉。

❽快速翻炒至食材入味，关火后，装入盘中即成。

油辣冬笋尖

▌口味：麻辣 ▌烹饪方法：炒

🌶 原料

冬笋200克，青椒25克，红椒10克

🍲 调料

盐2克，鸡粉2克，辣椒油6毫升，花椒油5毫升，食用油适量，水淀粉少许

🍴 做法

①冬笋洗净去皮，切滚刀块；青椒、红椒均洗净，切成小块。

②锅中注水烧开，倒入冬笋块，煮约1分钟，去除涩味。

③捞出焯煮好的冬笋，备用。

④用油起锅，倒入焯过水的冬笋块，翻炒均匀。

⑤加入辣椒油、花椒油、盐、鸡粉，炒匀调味。

⑥倒入青椒、红椒，炒至断生。

⑦淋入少许水淀粉。

⑧翻炒均匀至食材入味，关火后盛出炒好的食材，装盘即可。

口味茄子煲

▌口味：香辣　▌烹饪方法：煲

🌶 原料

茄子200克，大葱70克，朝天椒25克，肉末80克，姜片、蒜末、葱段、葱花各少许

🍲 调料

盐、鸡粉各2克，老抽2毫升，生抽、辣椒油、水淀粉各5毫升，豆瓣酱、辣椒酱各10克，椒盐粉1克，食用油适量

🍴 做法

❶洗净去皮的茄子切成条；洗净的朝天椒切成圈。

❷热锅中注油烧热，放入茄子，炸至金黄色后捞出。

❸锅底留油，放入肉末，炒散，加入生抽，炒匀。

❹倒入朝天椒、葱段、蒜末、姜片，翻炒均匀。

❺放入切好的大葱，炒匀，倒入茄子，注入适量清水。

❻放豆瓣酱、辣椒酱、辣椒油、椒盐粉、老抽、盐、鸡粉炒匀。

❼倒入水淀粉勾芡，盛出炒好的菜肴，放入砂锅中。

❽盖上盖，置于大火上烧热，揭盖，放入葱花即可。

豆瓣茄子

口味：香辣　｜　烹饪方法：炒

🌶 **原料**

茄子300克，红椒40克，姜末、葱花各少许

🍲 **调料**

盐、鸡粉各2克，生抽、水淀粉各5毫升，豆瓣酱15克，食用油适量

🍴 **做法**

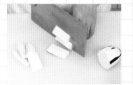
❶洗净去皮的茄子切成条；洗好的红椒切成粒。

❷热锅中注入食用油烧热，放入茄子，炸至金黄色。

❸捞出茄子，沥干油，待用。

❹锅底留油，放入姜末、红椒，炒香，倒入豆瓣酱，炒匀。

❺放入炸好的茄子，加入少许清水炒匀。

❻放入盐、鸡粉、生抽，炒匀。

❼加入水淀粉勾芡。

❽盛出炒好的食材，装入碗中，撒上葱花即可。

剁椒蒸土豆

▌口味：香辣 ▌烹饪方法：蒸

🌶 原料

土豆250克，剁椒60克，葱花少许

🍲 调料

盐3克，鸡粉4克，生粉10克，食用油适量

🍴 做法

❶把去皮洗净的土豆切开，改切成小块。

❷取碗，放入土豆块，再加入盐、鸡粉，拌匀至入味。

❸把拌好的土豆盛入盘中，摆好备用。

❹取碗，放入剁椒，加入鸡粉、生粉、食用油拌匀。

❺将调好的剁椒均匀地铺在土豆上。

❻将蒸锅置于火上，用大火烧开，放入装有食材的蒸盘。

❼盖上盖，用中火蒸15分钟至土豆熟透。

❽揭开锅盖，取出蒸好的土豆，撒入葱花即成。

扁豆丝炒豆腐干

▍口味：清淡　▍烹饪方法：炒

🌶 原料

豆腐干100克，扁豆120克，红椒20克，姜片、蒜末、葱白各少许

🍲 调料

盐3克，鸡粉2克，水淀粉、食用油各适量

制作指导：

焯煮扁豆的时间不宜过长，以免煮得过老，影响成品口感。

🍴 做法

❶ 洗净的豆腐干、扁豆、红椒均切成丝。

❷ 锅中注水烧热，倒入扁豆，煮至其八成熟后捞出。

❸ 热锅注油烧热，倒入豆腐干，炸约半分钟后捞出。

❹ 姜片、蒜末、葱白入油锅爆香，放入扁豆丝、豆腐干翻炒。

❺ 加盐、鸡粉调味，放红椒丝炒匀，倒入水淀粉勾芡即可。

做法

❶将择洗干净的扁豆切成丝；洗好的红椒切成丝。

❷锅中注入适量食用油烧热，放入蒜片，用大火爆香。

❸倒入切好的红椒、扁豆，翻炒均匀，淋入料酒炒出。

❹注入少许清水，翻炒几下，加入盐、鸡粉，炒匀调味。

❺淋入水淀粉炒均匀，盛出，装入盘中即可。

红椒炒扁豆

▌口味：香辣 ▌烹饪方法：炒

🌶 原料
扁豆150克，蒜片15克，红椒20克

🍲 调料
料酒4毫升，盐2克，鸡粉2克，水淀粉3毫升，食用油适量

制作指导：

蒜皮很难去除，可用刀背拍扁蒜，这样很容易去除外皮。

辣椒炒茭白

▌口味：香辣　▌烹饪方法：炒

🌶 原料

茭白180克，青椒、红椒各20克，姜片、蒜末、葱段各少许

🍲 调料

盐3克，鸡粉2克，生抽、水淀粉、食用油各适量

制作指导：

茭白焯水的时间不要过长，以免影响成品的外观和口感。

🍴 做法

❶茭白洗净切成片；青椒、红椒均洗净去籽，切小块。

❷茭白、青椒、红椒入沸水锅中，煮约半分钟至断生。

❸将焯煮好的食材捞出，备用。

❹油锅中倒姜片、蒜末、葱段及焯好的食材，加盐、鸡粉炒匀。

❺倒入生抽、水淀粉炒匀，把炒好的食材盛出，装盘即可。

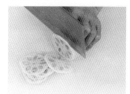

❶ 将去皮洗净的莲藕切成片，放入清水中备用。

❷ 锅中加入适量清水烧开，加白醋。

❸ 放入藕片，煮约3分钟至熟，把煮好的藕片捞出。

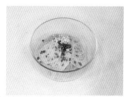

❹ 将藕片装碗，加入蒜末、葱花、剁椒、陈醋、芝麻油。

❺ 用筷子拌匀至入味，将拌好的材料装盘即可。

🍴 做法

剁椒拌莲藕

▌口味：酸辣　▌烹饪方法：拌

🌶 原料

莲藕300克，剁椒适量，蒜末、葱花各少许

🍲 调料

陈醋、白醋、芝麻油各适量

制作指导：

剁椒味道较咸，所以拌制此菜时可以不加盐。

湖南麻辣藕

口味：麻辣　　烹饪方法：炒

🌶 原料

莲藕300克，剁椒20克，花椒3克，姜片、蒜末各少许

🍲 调料

盐5克，白醋5毫升，老干妈酱20克，鸡粉、水淀粉、食用油各适量

🍴 做法

①将去皮洗净的莲藕切成片，装碗备用。

②锅中加入适量清水，大火烧开，加入白醋、盐。

③倒入莲藕片，煮约2分钟至熟，捞出。

④用油起锅，倒入姜片、蒜末、花椒，炒出香味。

⑤倒入切好的莲藕，翻炒片刻。

⑥加入备好的老干妈酱、剁椒。

⑦加盐、鸡粉，炒匀调味。

⑧加入水淀粉，拌炒匀，将锅中材料盛出装盘即可。

红油莲子

▎口味：香辣　▎烹饪方法：拌

🌶 **原料**

熟莲子200克，红椒15克，葱花少许

🍲 **调料**

盐2克，鸡粉2克，生抽、辣椒油、芝麻油各适量

🍴 **做法**

❶将洗净的红椒切开，去除籽，切成丝，改切成粒。

❷装入小碟中备用。

❸把泡发好的熟莲子倒入碗中。

❹加入红椒粒，倒入备好的葱花。

❺加入盐、鸡粉和适量生抽。

❻淋入适量辣椒油、芝麻油。

❼用勺子搅拌匀，至莲子入味。

❽将拌好的莲子盛出，装入盘中即可。

芹菜烧豆腐

▌口味：清淡　▌烹饪方法：烧

🌶 原料

芹菜40克，豆腐220克，蒜末、红椒圈各少许

🍲 调料

盐3克，鸡粉少许，生抽2毫升，老抽、水淀粉、食用油各适量

制作指导：

如果芹菜较老，可先将芹菜皮去除，再切开烹饪，口感更好。

⚒ 做法

❶将洗净的芹菜切成段；洗好的豆腐切成小块。

❷锅中注水烧开，放入盐、豆腐，煮2分30秒后捞出。

❸蒜末入油锅爆香，放入芹菜，倒入清水、生抽、盐、鸡粉炒匀。

❹倒入豆腐煮沸，加入老抽拌匀，煮2分钟至豆腐入味。

❺倒入水淀粉炒匀，起锅，装入盘中，再放上红椒圈即成。

❶洗净的香菜切粒；泡椒切碎，剁成末，备用。

❷锅中注油烧热，放入臭豆腐，炸至膨胀酥脆后捞出。

❸用油起锅，放入泡椒、蒜末、彩椒粒、葱粒，炒香。

❹加清水、生抽、盐、鸡粉、鸡汁、陈醋、芝麻油拌匀。

❺放入香菜末，混合均匀，把味汁盛出，用以佐食臭豆腐。

湖南臭豆腐

▌口味：香辣　▌烹饪方法：炸

🌶 原料
臭豆腐300克，泡椒、蒜末、彩椒粒、葱粒、香菜各适量

🍲 调料
生抽、鸡汁、芝麻油各5毫升，盐、鸡粉、食用油各适量，陈醋10毫升

制作指导：

臭豆腐炸的时间要掌握好，时间不够，皮不够脆，炸老了口感不佳。

毛家蒸豆腐

▊口味：香辣 ▊烹饪方法：蒸

🌶 原料

豆腐300克，剁椒80克，葱花少许

🍲 调料

鸡粉2克，生粉4克，食用油适量

🍴 做法

①把洗净的豆腐用斜刀切成块。

②将切好的豆腐整齐地摆在盘中待用。

③将剁椒放在小碗中，加入鸡粉、生粉，拌匀。

④注入食用油，拌匀，制成味汁。

⑤取来摆好盘的豆腐，浇上味汁。

⑥将豆腐放入加热后的蒸锅。

⑦盖上盖，用大火蒸约5分钟至食材熟透。

⑧揭盖，取出蒸好的豆腐，撒上葱花，淋入熟油即可。

剁椒芽菜烧豆腐

▌口味：香辣 ▌烹饪方法：烧

🌶️ 原料

豆腐250克，芽菜35克，剁椒25克，葱花少许

🍲 调料

豆瓣酱10克，盐5克，鸡粉2克，生抽4毫升，水淀粉、食用油各适量

🍴 做法

❶把洗净的豆腐切成小块。

❷锅中注水煮沸，放入豆腐块，煮约1分钟，去除酸味。

❸捞出焯煮好的豆腐块，沥干水分待用。

❹用油起锅，放入洗净的芽菜和剁椒，翻炒香。

❺注入适量清水，拌煮均匀，加入盐、鸡粉、豆瓣酱。

❻再淋上生抽，拌匀煮沸。

❼放入豆腐块，煮约1分钟至入味。

❽待汤汁收浓时倒入水淀粉，撒上葱花，出锅即成。

农家葱爆豆腐

▌口味：清淡　▌烹饪方法：炒

🌶 原料

豆腐300克，大葱35克，红椒片12克，青椒片10克，姜片少许

🍲 调料

盐3克，鸡粉、白糖各少许，生抽4毫升，水淀粉、食用油各适量

制作指导：

煎豆腐时可以先撒上少许盐，这样豆腐的口感更香。

🍴 做法

❶ 豆腐洗净，切方块；洗净的大葱用斜刀切段。

❷ 煎锅注油烧热，放入豆腐块，晃动锅底，煎出香味。

❸ 再翻转豆腐块，煎至金黄色后盛出。

❹ 姜片入油锅爆香，倒入葱段，放入青椒片、红椒片，炒匀。

❺ 加豆腐块、水、盐、白糖、鸡粉、生抽炒匀，水淀粉勾芡即可。

口味香干

▎口味：香辣 ▎烹饪方法：炒

🌶️ 原料

香干200克，花生米80克，红椒20克，蒜末、葱花各少许

🍲 调料

盐3克，豆瓣酱20克，生抽10毫升，辣椒油、味精、料酒、水淀粉、食用油各适量

🍴 做法

❶洗净的红椒切成圈；香干切成块，再切成片。

❷热锅注油烧热，放入花生米，炸约2分钟至熟后捞出。

❸改成小火，倒入香干，炸约1分钟，将炸好的香干捞出。

❹锅底留油，倒入蒜末，爆香，倒入香干，淋入料酒。

❺加入豆瓣酱、盐、味精、生抽，翻炒均匀调味。

❻倒入少许清水、辣椒油，拌匀，煮约1分钟至入味。

❼放入红椒圈，加少许水淀粉。

❽快速拌炒均匀，盛出装盘，放入花生米，撒上葱花即可。

辣拌攸县香干

▌口味：咸香　▌烹饪方法：拌

🌶 原料

攸县香干350克，红椒15克，蒜末、葱花各少许

🍲 调料

辣椒酱15克，盐3克，鸡粉1克，生抽、芝麻油、食用油适量

制作指导：

加调味料时可先用小碗调匀，再淋进去一起拌匀，这样可避免过度搅拌使食材破碎。

🍴 做法

❶将洗净的香干切成片；将洗净的红椒切成圈。

❷锅中注水烧开，加入盐、食用油，倒入香干煮至熟后捞出。

❸将煮好的香干盛入碗中，加入红椒、蒜末、葱花。

❹淋入生抽，加入辣椒酱，再加入盐、鸡粉、芝麻油。

❺用筷子拌匀，使香干入味，将拌好的香干装入盘中即可。

✗ 做法

❶菠菜洗净切成段；水发粉丝切段；红椒洗净，切丝。

❷粉丝倒入滤网中，放入沸水中烫煮片刻，捞出待用。

❸菠菜、红椒丝入沸水锅中，加食用油，煮至其断生后捞出。

❹取碗，放入焯好的菠菜和红椒，再放入粉丝、蒜末。

❺加入盐、鸡粉、生抽、芝麻油，搅拌均匀，盛出即可。

菠菜拌粉丝

▌口味：香辣　▌烹饪方法：拌

🌶 原料

菠菜130克，红椒15克，水发粉丝70克，蒜末少许

🍲 调料

盐2克，鸡粉2克，生抽4毫升，芝麻油2毫升，食用油适量

制作指导：

菠菜要先洗后切，如果先把菠菜切开再清洗，容易造成营养流失。

❶ 将洗净的冬笋切丝；洗好的红椒切开，去籽，切成丝。

❷ 锅中注水烧开，加入食用油、盐，倒入冬笋，煮1分钟。

❸ 倒入黄豆芽，煮至其断生，放入红椒，煮片刻至食材熟透。

❹ 把食材捞出，装碗，加入盐、鸡粉，放入蒜末、葱花。

❺ 淋入芝麻油、辣椒油，拌匀后盛出，装盘即可。

冬笋拌豆芽

▌口味：香辣　　▌烹饪方法：拌

🌶 原料

冬笋100克，黄豆芽100克，红椒20克，蒜末、葱花各少许

🍲 调料

盐3克，鸡粉2克，芝麻油2毫升，辣椒油2毫升，食用油3毫升

制作指导：

冬笋和黄豆芽口感都很爽脆，入锅煮制的时间不宜过长。

畜肉类

毛家红烧肉

■ 口味：咸鲜　■ 烹饪方法：焖

🌶 原料

五花肉750克，西蓝花150克，干辣椒、姜片、蒜片、草果、八角、桂皮各适量

🍲 调料

盐5克，味精3克，老抽2毫升，红糖15克，白酒10毫升，白糖10克，豆瓣酱25克，料酒、食用油各适量

🍴 做法

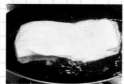
❶五花肉洗净，煮熟后捞出切方块；洗净的西蓝花切朵。

❷西蓝花入沸水锅中焯煮约1分钟至熟，捞出，沥干。

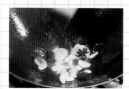
❸炒锅注油烧热，加白糖、八角、桂皮、草果、姜片、蒜片炒匀。

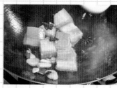
❹放入五花肉块，炒片刻，加入料酒、豆瓣酱，炒匀。

❺放入干辣椒、清水，加盐、味精、老抽、红糖、白酒焖40分钟。

❻西蓝花摆盘，再摆入红烧肉，浇上少许汤汁即成。

①洗净的雪里蕻切成
段，备用。

②洗好的红椒去籽，
切成小块；洗好的肥
肉切成片。

③用油起锅，放入肥
肉，炒匀，放入蒜
末、爆香。

④倒入雪里蕻、红
椒，翻炒均匀。

雪里蕻炒油渣

▌口味：香辣 ▌烹饪方法：炒

🌶 原料

雪里蕻300克，红椒40克，肥肉150
克，蒜末少许

🍲 调料

盐2克，鸡粉2克，食用油适量

制作指导：

雪里蕻在翻炒时候不要
炒得太久，以免炒老后
口感不佳。

⑤加入盐、鸡粉，炒
匀，关火后盛出，装
入盘中即可。

❶ 洗净的青椒、红椒均切成圈；洗净的蒜苗切段。

❷ 用油起锅，倒入五花肉片炒至出油，加入老抽、料酒炒香。

❸ 倒豆豉、姜片、蒜末、葱段炒匀，加入豆瓣酱翻炒。

❹ 倒入青椒、红椒、蒜苗炒匀，加盐、味精、清水，煮约1分钟。

❺ 加水淀粉炒均匀，将锅中材料盛出装盘即成。

农家小炒肉

■ 口味：香辣 　■ 烹饪方法：炒

🌶 原料

五花肉片150克，青椒60克，红椒15克，蒜苗、豆豉、姜片、蒜末、葱段各少许

🍲 调料

盐3克，味精2克，豆瓣酱、老抽、水淀粉、料酒、食用油各适量

制作指导：

五花肉先用开水汆烫再放入冰箱冷冻，这样切成薄片会更美观。

① 洗净去皮的佛手瓜切片；洗好的猪瘦肉切片。

② 肉片装碗，加盐、食粉、生粉、食用油拌匀，腌渍入味。

③ 锅中注油烧热，倒入肉片炒变色，滴上生抽炒透后盛出。

④ 姜片、蒜末、葱段入油锅爆香，倒入佛手瓜炒软。

⑤ 加盐、鸡粉、水，倒入肉片、红椒块炒熟，用水淀粉勾芡即成。

佛手瓜炒肉片

▌口味：鲜 　▌烹饪方法：炒

🌶 原料

佛手瓜120克，猪瘦肉80克，红椒块30克，姜片、蒜末、葱段各少许

🍲 调料

盐3克，鸡粉2克，食粉少许，生粉7克，生抽、水淀粉、食用油各适量

制作指导：

佛手瓜的肉质较嫩，宜用大火快炒，以免营养物质流失过多。

❶洗净的香芋切片；洗好的五花肉切片。

❷热锅注油烧热，放入香芋炸香，捞出，沥干油。

❸锅留底油，放入五花肉炒变色，加蒜末、香芋、部分蒸肉粉炒匀。

❹加盐、鸡粉，放入剩余蒸肉粉，炒匀，盛出摆盘。

❺将食材入蒸锅小火蒸3小时后取出，撒上葱花，淋上热油即可。

湖南夫子肉

▌口味：鲜 ▌烹饪方法：蒸

🌶 **原料**

香芋400克，五花肉350克，蒜末、葱花各少许

🍲 **调料**

盐、鸡粉各3克，蒸肉粉80克，食用油适量

制作指导：

炸香芋时宜用小火，而且时间不宜过长，以免炸煳。

茶树菇炒五花肉

▌口味：鲜 ▌烹饪方法：炒

🌶 原料

茶树菇90克，五花肉200克，红椒40克，姜片、蒜末、葱段各少许

🍲 调料

盐2克，生抽、水淀粉各5毫升，鸡粉2克，料酒10毫升，豆瓣酱15克，食用油适量

🍴 做法

①洗净的红椒切小块；洗好的茶树菇切成段；五花肉切成片。

②锅中注水烧开，放盐、食用油，倒入茶树菇，煮1分钟。

③捞出焯煮好的茶树菇，沥干水分备用。

④用油起锅，放入五花肉，翻炒匀。

⑤加入生抽，炒匀，倒入豆瓣酱，炒匀。

⑥放入姜片、蒜末、葱段，炒香，淋入料酒提味。

⑦放入茶树菇、红椒，炒匀。

⑧加入盐、鸡粉、水淀粉，炒匀，关火后盛出即可。

湘煎口蘑

口味：香辣　**烹饪方法：煎**

🌶️ 原料

五花肉300克，口蘑180克，朝天椒25
克，姜片、蒜末、葱段、香菜段各少许

🍲 调料

盐、鸡粉、黑胡椒粉各2克，水淀粉、料酒
各10毫升，辣椒酱、豆瓣酱各15克，生抽5
毫升，食用油适量

🍴 做法

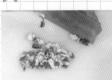

❶洗净的口蘑切片；
洗好的朝天椒切圈；
洗净的五花肉切片。

❷锅中注水烧开，放
入口蘑，加料酒，焯
约1分钟后捞出。

❸用油起锅，放入五
花肉炒匀，淋入料酒
炒香，盛出待用。

❹锅底留油，倒入口
蘑煎香，放入蒜末、
姜片、葱段炒香。

❺倒入五花肉炒匀。

❻放入朝天椒、豆瓣
酱、生抽、辣椒酱炒
匀，加入清水炒匀。

❼放入盐、鸡粉、黑
胡椒粉炒匀。

❽倒入水淀粉勾芡，
关火后盛出，撒上香
菜段即可。

❶木耳洗净，切小块；彩椒洗净，切粗丝；蒜薹洗净，切段。

❷猪瘦肉洗净切丝，用盐、鸡粉、水淀粉、食用油腌渍入味。

❸蒜薹、木耳块、彩椒丝入沸水锅中焯煮后捞出。

❹用油起锅，倒入肉丝炒至松散，再淋入生抽提味。

❺倒入焯煮过的材料炒熟，加鸡粉、盐、水淀粉炒匀即可。

蒜薹木耳炒肉丝

▍口味：鲜　▍烹饪方法：炒

🌶 原料

蒜薹300克，猪瘦肉200克，彩椒50克，水发木耳40克

🍲 调料

盐3克，鸡粉2克，生抽6毫升，水淀粉、食用油各适量

制作指导：

蒜薹根部较硬，切时应去除，以免影响菜肴的口感。

做法

❶ 将洗净的南瓜去皮，切成片；洗净的五花肉切成片。

❷ 肉片装盘，加入蒜末、生抽、盐、鸡精、蒸肉粉拌匀腌渍。

❸ 将切好的南瓜依次摆入盘中，摆上切好的肉片。

❹ 将南瓜、五花肉放入蒸锅，加盖，中火蒸20分钟至熟透。

❺ 揭盖，将粉蒸肉取出，撒上葱花，浇上少许热油即可。

粉蒸肉

▌口味：清淡　▌烹饪方法：蒸

原料

南瓜400克，五花肉350克，蒸肉粉35克，蒜末、葱花各少许

调料

盐4克，生抽3毫升，鸡精3克，食用油适量

制作指导：

五花肉腌渍时必须先沥干水分；蒸南瓜和五花肉时火候不可太大。

攸县香干炒腊肉

| 口味：咸香 | 烹饪方法：炒

🌶️ 原料

攸县香干350克，腊肉200克，红椒片15克，姜片、蒜末、葱白各少许

🍲 调料

盐2克，鸡粉、生抽、豆瓣酱、料酒、水淀粉、食用油各适量

🍴 做法

①将香干切成片；洗净的腊肉切成片。

②锅中加入清水烧开，倒入腊肉，煮1分钟后捞出备用。

③热锅注油，烧至五成热，倒入香干，滑油片刻后捞出备用。

④姜片、蒜末、葱白入油锅爆香，倒入切好的红椒片。

⑤倒入腊肉炒匀，淋入适量料酒，拌炒一会儿。

⑥倒入滑过油的香干，加盐、鸡粉、生抽、豆瓣酱调味。

⑦向锅中倒入适量清水，拌炒一会儿。

⑧淋入适量水淀粉勾芡，拌炒至入味，关火，盛出即可。

干豆角炒腊肉

口味：香辣 | **烹饪方法：炒**

🌶 原料

熟腊肉100克，水发干豆角200克，蒜末、辣椒末各15克，葱花少许

🍲 调料

盐、味精、辣椒油、料酒、食用油各适量

🍴 做法

① 将熟腊肉切成片。

② 清洗干净的干豆角切成段。

③ 热锅注油，倒入腊肉炒出油。

④ 倒入辣椒末、蒜末和一部分葱花爆香。

⑤ 加料酒拌匀。

⑥ 倒入干豆角，炒约2分钟至熟透。

⑦ 加入适量盐、味精拌匀调味。

⑧ 再淋入辣椒油拌匀，撒入剩余葱花拌炒匀即成。

酒香腊肉

口味：咸鲜　　烹饪方法：炒

🌶️ **原料**

腊肉300克，红酒75毫升，青椒片、红椒片各15克，蒜苗段45克，干辣椒段少许

🍲 **调料**

料酒、生抽、水淀粉、食用油各适量

🍴 **做法**

① 洗净的腊肉切片，放在盘中备用。

② 炒锅热油，放入干辣椒段爆香。

③ 再倒入腊肉炒匀。

④ 倒入蒜苗段、青椒片、红椒片。

⑤ 注入少许清水，翻炒均匀，倒入红酒。

⑥ 淋入生抽炒匀。

⑦ 加适量料酒煮片刻至入味。

⑧ 用水淀粉炒匀，盛入盘中即可。

芝麻辣味炒排骨

| 口味：香辣　　| 烹饪方法：炒

🌶 原料

白芝麻8克，猪排骨500克，干辣椒、葱花、蒜末各少许

🍲 调料

生粉20克，豆瓣酱15克，盐3克，鸡粉3克，料酒15毫升，辣椒油4毫升，食用油适量

🍴 做法

①猪排骨洗净，放盐、鸡粉、料酒、豆瓣酱，用手抓匀。

②撒入生粉，抓匀，使得排骨表面裹匀生粉，腌渍。

③热锅注油，烧至五成热，倒入排骨，搅散，炸至金黄色。

④捞出炸好的排骨，沥干油，备用。

⑤锅底留油，倒入蒜末、干辣椒，翻炒出香味。

⑥放入炸好的排骨，淋入料酒、辣椒油，炒匀调味。

⑦撒入葱花，快速翻炒均匀。

⑧放入白芝麻炒香，关火后盛出，装入盘中即可。

腐乳烧排骨

| 口味：咸香 | 烹饪方法：焖

🌶 原料

排骨段320克，腐乳50克，腐乳汁25毫升，青椒、红椒各10克，姜片、葱段、花椒、八角各少许

🍲 调料

盐、鸡粉各少许，老抽、料酒各4毫升，生抽、水淀粉、食用油各适量

制作指导：

在盛出菜肴前应拣出八角，这样便于食用。

🍴 做法

① 将洗净的青椒切片；洗好的红椒切片，备用。

② 锅中注水烧开，倒入洗净的排骨段，氽去血水后捞出。

③ 姜片、葱段、花椒、八角入油锅爆香，放入排骨、料酒，炒匀。

④ 放入腐乳、腐乳汁炒香，淋入老抽、清水，加盐、生抽略煮。

⑤ 焖煮熟透，加鸡粉、青椒、红椒，淋入水淀粉炒匀即成。

做法

❶将洗净的排骨斩成小块。

❷装碗，放入少许姜片、蒜末，加入蒸肉粉，抓匀。

❸加鸡粉拌匀，倒入食用油抓匀，将排骨装盘备用。

❹把装有排骨的盘放入蒸锅，盖上盖，小火蒸约20分钟。

❺揭盖，把蒸好的排骨取出，撒上葱花，浇上少许熟油即可。

粉蒸排骨

▌口味：清淡　▌烹饪方法：蒸

原料

排骨600克，姜片、蒜末、葱花各少许

调料

蒸肉粉20克，鸡粉2克，食用油适量

制作指导：

蒸肉粉中含有较多的盐分，排骨加蒸肉粉后，可以不用再加盐调味。

萝卜干炒腊肠

▎口味：鲜 ▎烹饪方法：炒

🌶 **原料**

萝卜干70克，腊肠180克，蒜薹30克，葱花少许

🍲 **调料**

盐2克，豆瓣酱、料酒、鸡粉、食用油各适量

🍴 **做法**

❶洗净的蒜薹、萝卜干均切段；腊肠用斜刀切成片。

❷锅中注水烧热，倒入蒜薹、萝卜干，焯煮至断生后捞出。

❸用油起锅，倒入腊肠，炒至出油。

❹放入焯过水的蒜薹、萝卜干，炒匀。

❺加入豆瓣酱、料酒，炒香炒透。

❻加鸡粉、盐。

❼快速翻炒均匀，直至食材入味。

❽关火后盛出食材，撒上葱花即可。

木耳炒腰花

■ 口味：鲜　■ 烹饪方法：炒

🌶 原料

猪腰200克，木耳100克，红椒20克，姜
片、蒜末、葱段各少许

🍲 调料

盐3克，鸡粉2克，料酒5毫升，生抽、蚝
油、水淀粉、食用油各适量

🍴 做法

❶将洗净的红椒去
籽，切成块；洗好的
木耳切成小块。

❷猪腰洗净，切去筋
膜，在内侧切上麦穗
花刀，改切成片。

❸将猪腰用盐、鸡
粉、料酒、水淀粉拌
匀，腌渍入味。

❹木耳、猪腰分别入
沸水锅中焯煮后捞
出，沥干水分。

❺姜片、蒜末、葱段
入油锅爆香，放入红
椒，拌炒匀。

❻倒入猪腰，炒匀，
淋入料酒，放入木
耳，炒匀。

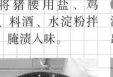

❼加入适量生抽、蚝
油、盐、鸡粉，炒匀
调味。

❽倒入适量水淀粉，
拌炒匀，关火盛出，
装入盘中即可。

湘味牛肉干锅

▌口味：香辣　▌烹饪方法：炒

🌶 原料

牛肉400克，洋葱、蒜苗各80克，大白菜100克，红椒块、姜片、蒜末、葱段各少许

🍲 调料

盐、鸡粉各2克，水淀粉、生抽、料酒各8毫升，食粉4克，豆瓣酱10克，食用油适量

🍴 做法

①大白菜切条；蒜苗洗净切段；洋葱切块；牛肉切片。

②牛肉加食粉、生抽、盐、鸡粉、水淀粉、食用油腌渍。

③热锅注油烧热，放入牛肉，搅散，倒入洋葱拌匀，捞出。

④姜片、葱段、蒜末、红椒入油锅炒香，加入牛肉、豆瓣酱。

⑤淋入料酒，炒匀，加入生抽、盐、鸡粉，炒匀调味。

⑥放入蒜苗，加入少许清水，炒匀。

⑦倒入水淀粉，翻炒均匀。

⑧将大白菜放入火锅中，把炒好的菜肴铺在火锅上即可。

湘卤牛肉

▍口味：香辣　▍烹饪方法：拌

🌶 **原料**

卤牛肉100克，莴笋100克，红椒17克，蒜末、葱花各少许

🍲 **调料**

盐3克，老卤水70毫升，鸡粉2克，陈醋7毫升，芝麻油、辣椒油、食用油各适量

🍴 **做法**

❶将洗净的红椒去籽，再切成丝，改切成粒。

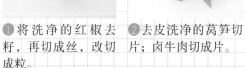
❷去皮洗净的莴笋切片；卤牛肉切成片。

❸锅中倒水烧开，加入食用油、盐、莴笋，煮1分钟至熟。

❹把煮好的莴笋捞出，装入盘中。

❺将牛肉片放在莴笋片上。

❻取一个干净的碗，倒入蒜末、葱花、红椒粒。

❼倒入老卤水，加入辣椒油、鸡粉、盐。

❽加入陈醋、芝麻油拌匀，浇在牛肉片上即可。

❶黄瓜洗净，去皮切块；红椒洗净，切块；牛肉洗净，切片。

❷牛肉片用食粉、生抽、盐、水淀粉、食用油拌匀，腌渍入味。

❸热锅注油烧热，放牛肉片，滑油至变色后捞出。

❹姜片、蒜末、葱段入油锅爆香，倒入红椒、黄瓜炒匀。

❺放牛肉片、料酒炒香，加盐、鸡粉、生抽、水淀粉炒匀即可。

黄瓜炒牛肉

▌口味：鲜　▌烹饪方法：炒

🌶 原料

黄瓜150克，牛肉90克，红椒20克，姜片、蒜末、葱段各少许

🍲 调料

盐3克，鸡粉2克，生抽5毫升，食粉、水淀粉、食用油各适量

制作指导：

黄瓜入锅后不宜炒制过久，以免营养成分流失，口感也不够脆嫩。

✕ 做法

❶牛舌洗净，入沸水中焯煮后捞出，过凉水，去掉薄膜，切片。

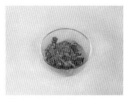

❷牛舌用生抽、鸡粉、盐、水淀粉、食用油拌匀，腌渍入味。

❸姜片、蒜末、红椒圈入油锅爆香，倒入牛舌，翻炒匀。

❹淋入料酒炒香，倒入生抽、盐、鸡粉，翻炒至熟透。

❺撒上葱段炒香，关火后盛出，装在盘中即成。

葱烧牛舌

▌口味：鲜　▌烹饪方法：炒

🌶 原料

牛舌150克，葱段25克，姜片、蒜末、红椒圈各少许

🍲 调料

盐3克，鸡粉3克，生抽4毫升，料酒5毫升，水淀粉、食用油各适量

制作指导：

牛舌的表皮很硬，不容易煮透，所以煮的时间应适当延长一会儿。

小炒牛肚

┃口味：红油 ┃烹饪方法：炒

🌶️ 原料

熟牛肚200克，蒜苗50克，红椒30克，干辣椒、姜片、蒜末各少许

🍲 调料

盐3克，味精、鸡粉、料酒、水淀粉、辣椒酱、辣椒油、食用油各适量

🍴 做法

①洗净的蒜苗切段；洗好的红椒切片。

②熟牛肚切片，备用。

③热锅注油，倒入蒜末、姜片和洗好的干辣椒爆香。

④倒入切好的牛肚，加入料酒炒香。

⑤倒入红椒、蒜苗，拌炒均匀。

⑥加入辣椒酱、辣椒油拌炒匀。

⑦再加盐、味精、鸡粉调味，再加入水淀粉勾芡。

⑧锅中翻炒片刻至入味，出锅装盘即成。

做法

❶ 青椒、红椒均洗净切块；蒜苗洗净切段；熟羊肉洗净切片。

❷ 油锅烧热，倒入姜片、蒜末、葱白，大火爆香。

❸ 倒入蒜苗、青椒、红椒，翻炒至断生。

❹ 倒入羊肉片，转小火，放入豆瓣酱，加入盐、鸡粉。

❺ 淋入料酒、生抽炒熟，倒入水淀粉勾芡，出锅即可。

回锅羊肉片

▌口味：咸鲜　　▌烹饪方法：炒

🌶 原料

熟羊肉200克，蒜苗70克，青椒、红椒各30克，姜片、蒜末、葱白各少许

🍲 调料

盐、鸡粉各3克，料酒、生抽各3毫升，豆瓣酱、水淀粉、食用油各适量

制作指导：

切羊肉前，应先将羊肉中的膜剔除，否则煮熟后膜变硬，影响口感。

苦瓜炒羊肉

▌口味：苦 ▌烹饪方法：炒

🌶 原料

苦瓜200克，羊肉150克，红椒15克，姜片、蒜末、葱白各少许

🍲 调料

水淀粉10毫升，盐3克，生抽、老抽各3毫升，料酒、白糖、鸡粉、食粉、食用油各适量

🍴 做法

❶苦瓜洗净，切片；红椒洗净，切片；羊肉洗净，切片。

❷羊肉装碗，用盐、生抽、鸡粉、水淀粉、食用油腌渍入味。

❸锅中倒水烧开，加食粉、苦瓜，煮1分钟后捞出。

❹用油起锅，倒入姜片、蒜末、葱白、红椒，爆香。

❺把羊肉倒入锅中，炒匀。

❻淋入料酒炒香，倒入苦瓜炒匀。

❼加入盐、鸡粉、白糖，淋入老抽，炒匀调味。

❽倒入水淀粉，将锅中材料炒至入味，盛出即可。

辣拌羊肉

▌口味：香辣　▌烹饪方法：拌

🌶 原料

卤羊肉200克，红椒15克，蒜末、葱花各少许

🍲 调料

盐2克，鸡粉、生抽、陈醋、芝麻油、辣椒油各适量

🍴 做法

❶把洗净的红椒切开，剔去籽，切成细丝，再改切成丁。

❷卤羊肉切成薄片。

❸取一个干净的小碗，倒入红椒、蒜末、葱花。

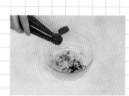

❹放入适量辣椒油、芝麻油。

❺加入盐、鸡粉，淋入生抽、陈醋。

❻拌约半分钟，调制成味汁，待用。

❼把切好的羊肉片盛放在盘中。

❽摆放整齐，再均匀地浇上调好的味汁，摆盘即成。

凉拌羊肚

▌口味：香辣 ▌烹饪方法：拌

🌶 原料

羊肚150克，香菜10克，红椒15克，蒜末少许

🍲 调料

盐6克，鸡粉2克，味精、料酒、芝麻油、辣椒油、生抽、陈醋、食用油各适量

🍴 做法

❶香菜洗净，切段；红椒洗净，切圈；羊肚洗净，切丝。

❷锅中注水烧开，加入鸡粉、盐、味精、料酒。

❸倒入羊肚，煮沸后放少许食用油。

❹拌匀，增色提亮，煮至羊肚熟透后捞出，沥干。

❺取一干净的碗，倒入煮好的羊肚。

❻再放入香菜、红椒，倒入蒜末。

❼放入陈醋、生抽、盐、鸡粉。

❽倒上芝麻油、辣椒油，拌约1分钟至入味即成。

禽蛋类

茶树菇干锅鸡

口味：鲜 ┃ 烹饪方法：炒

原料

鸡肉块400克，茶树菇100克，大葱段60克，姜片、蒜片、葱段各少许

调料

盐、鸡粉各2克，豆瓣酱、辣椒酱各10克，生抽、料酒、水淀粉各10毫升，食用油适量

做法

❶ 洗净的茶树菇切段；水烧开，倒入鸡肉块，氽水后捞出。

❷ 姜片、蒜片、葱段、大葱段入油锅炒香，入茶树菇炒匀。

❸ 放入鸡块炒匀，淋入料酒炒香，放入豆瓣酱、生抽炒匀。

❹ 放入辣椒酱，倒入少许清水，炒匀。

❺ 淋入盐、鸡粉，炒匀。

❻ 倒入水淀粉勾芡，炒匀，盛出，装入干锅中即可。

左宗棠鸡

▎口味：鲜　▎烹饪方法：炒

🌶 原料

鸡腿250克，鸡蛋1个，姜片、干辣椒、蒜末、葱花各少许

🍲 调料

辣椒油5毫升，鸡粉、盐、白糖各3克，料酒、生粉、白醋、食用油各适量

制作指导：

鸡肉下油锅后，要不时搅动，使其受热均匀。

🍴 做法

❶ 处理干净的鸡腿切成小块。

❷ 鸡腿肉装碗，加盐、鸡粉、料酒、鸡蛋、生粉搅匀。

❸ 热锅注油烧热，倒入鸡腿肉，炸至金黄色，捞出。

❹ 油锅中倒蒜末、姜片、干辣椒、鸡肉、料酒、辣椒油炒匀。

❺ 加盐、鸡粉、白糖白醋，倒入葱花，翻炒入味，盛出即可。

做法

①鸡胸肉洗净，切丁；
青椒洗净，切块。

②鸡丁用盐、鸡粉、
水淀粉、食用油拌
匀，腌渍入味。

③姜片、蒜末、葱白
入油锅爆香，倒入剁
椒炒香。

④放入青椒炒香，倒
入腌好的鸡丁，翻炒
至转色。

⑤加盐、鸡粉、豆瓣酱
炒匀，注水煮至收汁，
用水淀粉勾芡即可。

剁椒炒鸡丁

▌口味：香辣 ▌烹饪方法：炒

🌶 原料

鸡胸肉200克，剁椒20克，青椒20
克，姜片、蒜末、葱白各少许

🍲 调料

盐3克，豆瓣酱15克，鸡粉4克，水淀
粉、食用油各适量

制作指导：

剁椒属于腌制品，味道
偏咸，所以调味时要少
放盐。

双椒鸡丝

| 口味：香辣 | 烹饪方法：炒

原料

鸡胸肉250克，青椒75克，彩椒35克，红小米椒25克，花椒少许

调料

盐2克，鸡粉、胡椒粉各少许，料酒6毫升，水淀粉、食用油各适量

做法

①青椒洗净，切细丝；洗好的彩椒切细丝，备用。

②洗净的红小米椒切小段；洗好的鸡胸肉切细丝。

③鸡肉丝装碗，加盐、料酒、水淀粉拌匀，腌渍约10分钟。

④用油起锅，倒入肉丝，炒至变色，撒上花椒炒香。

⑤放入红小米椒，炒匀，淋入少许料酒，炒出辣味。

⑥倒入青椒丝、彩椒丝，用大火翻炒至食材变软。

⑦加入盐、鸡粉，撒上胡椒粉。

⑧再用水淀粉勾芡，关火后盛出，装入盘中即成。

扁豆鸡丝

▌口味：香辣　▌烹饪方法：炒

🌶 原料

扁豆100克，鸡胸肉180克，红椒20克，姜片、蒜末、葱段各少许

🍲 调料

料酒3毫升，盐、鸡粉、水淀粉、食用油各适量

🍴 做法

❶扁豆洗净，切丝；红椒洗净，切丝；鸡胸肉，洗净切丝。

❷鸡肉丝装碗，加盐、鸡粉、水淀粉、食用油腌渍入味。

❸扁豆丝、红椒丝倒入沸水锅中，焯煮至其断生后捞出。

❹把焯过水的扁豆和红椒捞出，备用。

❺用油起锅，倒入姜片、蒜末、葱段，炒出香味。

❻倒入鸡肉丝炒至松散，淋入料酒，翻炒至变色。

❼倒入焯好的扁豆和红椒，放入盐、鸡粉，炒匀。

❽淋入适量水淀粉，将锅中食材炒匀，盛出即可。

❶红椒洗净，切丁；
鸡胸肉洗净，切丁。

❷鸡肉丁装碗，加
盐、鸡粉、水淀粉、
食用油腌渍入味。

❸锅中倒入水烧沸，放
入洗净的豌豆，焯煮
至材料断生，捞出。

❹姜片、蒜末、葱白、
红椒入油锅爆香，放入
鸡肉丁、料酒炒匀。

❺倒入豌豆，加盐、鸡
粉调味，用水淀粉勾
芡，炒至入味即成。

鸡丁炒豌豆

▋口味：鲜　▋烹饪方法：炒

🌶 原料

鸡胸肉300克，豌豆100克，红椒15
克，姜片、蒜末、葱白各少许

🍲 调料

盐、鸡粉、料酒、水淀粉、食用油各
适量

制作指导：

豌豆适合与富含氨基酸
的食物一起烹调，可以
提高豌豆的营养价值。

✕ 做法

❶ 萝卜干洗净，切丁；鸡胸肉洗净，切丁。

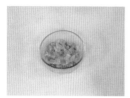

❷ 鸡肉丁用盐、鸡粉、水淀粉、食用油拌匀，腌渍入味。

❸ 锅中注水烧开，倒入萝卜丁，焯煮约2分钟后捞出。

❹ 姜片、蒜末、葱段入油锅爆香，倒入鸡肉丁，炒至转色。

❺ 加料酒、萝卜丁、红椒片炒熟，加盐、鸡粉调味即成。

鸡丁萝卜干

■ 口味：鲜 ■ 烹饪方法：炒

🌶 原料

鸡胸肉150克，萝卜干160克，红椒片30克，姜片、蒜末、葱段各少许

🍲 调料

盐3克，鸡粉2克，料酒5毫升，水淀粉、食用油各适量

制作指导：

萝卜干焯好后用凉开水清洗一下，不仅能洗去多余的盐分，口感也会更爽口。

椒香竹篓鸡

█ 口味：香辣　█ 烹饪方法：炒

🌶️ 原料

鸡肉300克，青椒、红椒各15克，干辣椒10克，蒜末5克，白芝麻5克

🍲 调料

盐3克，味精2克，料酒、辣椒油、辣椒粉、面粉、食用油各适量

🍴 做法

❶青椒、红椒均洗净，切片；鸡肉洗净，斩块。

❷鸡块装盘，加料酒、盐、味精、辣椒油、面粉腌渍入味。

❸锅中注油烧热，放入鸡块，炸至金黄色，捞出。

❹锅留底油，倒入蒜末、干辣椒煸香。

❺放入青椒、红椒拌炒匀，倒入鸡块，翻炒片刻。

❻加入辣椒油、辣椒粉，拌炒约1分钟。

❼加盐、味精，再淋入少许料酒，炒匀。

❽撒入白芝麻炒匀，盛入竹篓内即成。

韭菜花拌鸡丝

▌口味：咸鲜　　▌烹饪方法：拌

🌶 原料

韭菜花150克，熟鸡胸肉100克，红椒15克

🍲 调料

盐3克，鸡粉2克，芝麻油2毫升，食用油适量

🍴 做法

①韭菜花洗净，切段；红椒洗净，切圈。

②熟鸡胸肉拍松后切细丝，放入盘中备用。

③锅中加入适量清水，用大火烧开，加入食用油。

④倒入韭菜花、红椒圈，煮约半分钟。

⑤将煮熟的韭菜花、红椒圈捞出。

⑥把韭菜花、红椒圈倒入碗中。

⑦倒入鸡胸肉丝，稍微搅拌。

⑧加入盐、鸡粉、芝麻油拌匀调味，盛出装盘即可。

鸡肉炒口蘑

▌口味：鲜　▌烹饪方法：炒

🌶 原料

鸡胸肉100克，口蘑150克，红椒15克，姜片、蒜末、葱白各少许

🍲 调料

盐6克，料酒2毫升，鸡粉、水淀粉、食用油各适量

制作指导：

口蘑本身味道很鲜美，所以鸡粉要少放，以免掩盖口蘑本身的鲜味。

🍴 做法

❶ 红椒洗净，切成块；口蘑、鸡胸肉均洗净，切成片。

❷ 肉片用盐、鸡粉、水淀粉、食用油拌匀，腌渍10分钟。

❸ 口蘑、红椒入沸水中焯水；鸡胸肉入沸水中汆水。

❹ 油锅爆香姜片、蒜末、葱白，加口蘑、红椒、料酒、鸡胸肉炒匀。

❺ 加盐、鸡粉调味，倒入水淀粉炒至入味即可。

农家尖椒鸡

▌口味：香辣 ▌烹饪方法：炒

🌶 原料

净鸡肉450克，青椒30克，红椒10克，荷
兰豆10克，姜片、葱白各少许

🍲 调料

盐、味精、蚝油、豆瓣酱、料酒、水淀粉、
食用油各适量

🍴 做法

❶将净鸡肉斩成块；
洗净的青椒、红椒均
切成片。

❷鸡块加盐、料酒、水
淀粉拌匀，腌渍入味。

❸热锅注油烧热，倒
入鸡块，滑油约2分钟
至熟。

❹倒入青椒和红椒，
滑油片刻后和鸡肉一
起捞出，备用。

❺锅留底油，倒入姜
片、葱白和洗好的荷
兰豆。

❻加豆瓣酱炒香，拌
炒均匀。

❼加鸡块、青椒和红
椒炒入味，加盐、味
精、蚝油调味。

❽再加入水淀粉勾
芡，快速拌炒至入
味，盛出即成。

泡鸡胗炒豆角

▌口味：咸鲜 ▌烹饪方法：炒

🌶 原料

豆角150克，泡鸡胗70克，姜片、蒜末、葱白、红椒丝各少许

🍲 调料

盐5克，白糖、蚝油、料酒、味精、水淀粉、食用油各适量

🍴 做法

❶将洗净的豆角切成小段。

❷锅中注水烧开，加入食用油、3克盐、豆角，煮约1分钟。

❸将焯好的豆角捞出，备用。

❹炒锅注油烧热，倒入姜片、蒜末、葱白、红椒丝爆香。

❺倒入准备好的泡鸡胗，拌炒匀，淋入料酒，翻炒香。

❻倒入焯好的豆角。

❼加入盐、味精、白糖、蚝油调味，倒入水淀粉。

❽将锅中食材炒匀，关火待用，把锅中材料盛出装盘即成。

✕ 做法

❶ 魔芋、洋葱、红椒、青椒均洗净切块；鸡翅洗净斩块。

❷ 魔芋入沸水锅中焯煮后捞出；鸡翅入沸水锅中汆去血水。

❸ 姜片入油锅爆香，倒入鸡翅炒匀，淋入料酒、生抽炒匀。

❹ 倒入洋葱，翻炒均匀，放入剁椒，倒入魔芋，炒匀。

❺ 加清水、盐、鸡粉焖煮，放青椒、红椒、葱段炒匀即可。

剁椒魔芋炒鸡翅

▌口味：香辣　　▌烹饪方法：炒

🌶 原料

鸡翅250克，魔芋300克，洋葱40克，青椒、红椒、剁椒各20克，姜片、葱段各少许

🍲 调料

盐4克，鸡粉2克，料酒10毫升，生抽5毫升，食用油适量

制作指导：

魔芋有小毒，必须充分煮熟才能食用，以免发生中毒现象。

老干妈炒鸡翅

▌口味：香辣　▌烹饪方法：炒

🌶 原料

鸡中翅300克，青椒10克，红椒10克，姜片、葱段各少许

🍲 调料

盐、鸡粉各2克，生抽、料酒、老干妈酱、辣椒酱、水淀粉、生粉、食用油各适量

🍴 做法

①青椒、红椒均洗净，切小块；鸡中翅洗净，斩成小块。

②鸡中翅装碗，加盐、鸡粉、生抽、料酒、生粉腌渍入味。

③热锅注油烧热，放入鸡中翅，炸至金黄色捞出。

④姜片入油锅爆香，加入老干妈酱、辣椒酱、鸡中翅炒匀。

⑤淋入料酒，加盐、鸡粉，加少许清水，拌炒匀。

⑥加盖，用小火焖5分钟至入味。

⑦揭盖，加青椒、红椒炒匀，大火收汁。

⑧加入水淀粉，放入葱段，拌炒均匀，盛出即可。

魔芋炖鸡腿

▌口味：香辣 ▌烹饪方法：炖

🌶 原料

魔芋150克，鸡腿180克，红椒20克，姜片、蒜末、葱段各少许

🍲 调料

老抽2毫升，豆瓣酱5克，生抽、料酒、盐、鸡粉、水淀粉、食用油各适量

🍴 做法

①魔芋洗净，切块；红椒洗净，切块；鸡腿洗净，斩块。

②鸡腿块用生抽、料酒、盐、鸡粉、水淀粉拌匀，腌渍入味。

③锅中注水烧开，放盐、魔芋，焯煮片刻后捞出。

④姜片、蒜末、葱段入油锅爆香，倒入鸡腿块炒至变色。

⑤加入生抽、料酒炒香，放盐、鸡粉炒匀，注入清水。

⑥放入魔芋，搅匀，加入老抽、豆瓣酱，拌炒匀。

⑦盖上盖，小火炖至熟透，揭盖，放入红椒块拌匀。

⑧用大火收汁，淋入水淀粉炒匀，盛出，撒上葱段即可。

蜜香凤爪

▌口味：香辣　▌烹饪方法：卤

① 将洗净的鸡爪切去爪尖。

② 锅中倒水烧开，加鸡爪、料酒，汆煮片刻后捞出。

③ 锅中注水，放入桂皮、八角、干辣椒，再放入白糖、盐、老抽、生抽、鸡粉。

🌶 原料

鸡爪300克，干辣椒4克，桂皮、八角各5克

🍲 调料

白糖20克，料酒15毫升，盐10克，老抽8毫升，鸡粉8克，生抽5毫升

制作指导：

卤鸡爪时卤水的量应是鸡爪的两倍，烧开后要用小火继续煮，这样才能更入味。

④ 倒入鸡爪，盖上盖，小火煮20分钟。

⑤ 揭盖，把卤好的鸡爪捞出装盘，浇上少许卤汁即可。

胡萝卜炒鸡肝

▌口味：鲜 ▌烹饪方法：炒

🌶️ 原料

鸡肝200克，胡萝卜70克，芹菜65克，姜片、蒜末、葱段各少许

🍲 调料

盐3克，鸡粉3克，料酒8毫升，水淀粉3毫升，食用油适量

🍴 做法

❶芹菜洗净，切段；胡萝卜洗净，切条；鸡肝洗净，切片。

❷鸡肝片用盐、鸡粉、料酒拌匀，腌渍10分钟至入味。

❸锅中注水烧开，加盐，放入胡萝卜条焯煮熟，捞出。

❹把鸡肝片倒入沸水锅中，汆煮至转色后捞出待用。

❺用油起锅，放入姜片、蒜末、葱段炒出香味。

❻倒入鸡肝片炒匀，淋入料酒炒香。

❼倒入胡萝卜、芹菜，翻炒匀，加入盐、鸡粉调味。

❽倒入水淀粉勾芡，将炒好的食材盛出，装盘即可。

干锅土匪鸭

口味：鲜 | **烹饪方法：炒**

原料

鸭肉块300克，胡萝卜80克，蒜苗20克，香菜10克，姜片、葱段、蒜末、八角、桂皮、花椒、干辣椒、辣椒面各少许

调料

盐2克，鸡粉2克，辣椒油6毫升，豆瓣酱8克，生抽5毫升，老抽2毫升，料酒5毫升，食用油、水淀粉各适量

做法

①胡萝卜洗净，去皮，切片；蒜苗、香菜均洗净，切段。

②锅中注水烧开，倒入洗净的鸭肉块，氽去血渍，捞出。

③油锅放葱段、花椒、姜、蒜、八角、桂皮、干辣椒、鸭肉炒匀。

④加入料酒、豆瓣酱、生抽、老抽，炒匀炒香。

⑤倒入胡萝卜片，注入少许清水，炒匀。

⑥加入盐、鸡粉、辣椒面、辣椒油炒匀，中火煮至熟透。

⑦揭盖，用大火收汁，倒入水淀粉勾芡，放入蒜苗炒香。

⑧关火后盛出炒好的菜肴，装入干锅中，点缀上香菜即可。

尖椒爆鸭

▌口味：香辣　▌烹饪方法：炒

🌶 原料

熟鸭肉200克，辣椒100克，豆瓣酱10克，干辣椒、蒜末、姜片、葱段各少许

🍲 调料

盐3克，味精、白糖、料酒、老抽、生抽、水淀粉、食用油各适量

🍴 做法

❶将熟鸭肉斩成块，备用；洗净的辣椒去籽，切成片。

❷锅中注油烧热，倒入鸭块，炸至表皮呈金黄色，捞出。

❸锅留底油，倒入蒜末、姜片、葱段和干辣椒煸香。

❹倒入炸好的鸭块翻炒片刻。

❺加豆瓣酱炒匀，淋入料酒、老抽、生抽拌炒匀。

❻倒入清水，煮沸后再加盐、味精、白糖炒匀。

❼倒入辣椒片炒熟，再加入水淀粉，快速拌炒匀。

❽撒入剩余葱段炒匀，盛入盘内即成。

❶芹菜洗净，切段；红椒洗净，切圈；烤鸭去骨，切片。

❷蒜末、芹菜、红椒入油锅炒香，注入清水略煮。

❸转小火，放入生抽、陈醋，加入盐、鸡粉，淋上辣椒油。

❹炒匀入味，制成拌味汁，把调好的拌味汁盛入碗中。

❺再倒入肉片，搅拌均匀至入味，盛入盘中即成。

辣拌烤鸭片

▌口味：酸辣 ▌烹饪方法：拌

🌶 原料

烤鸭500克，芹菜30克，红椒17克，蒜末少许

🍲 调料

盐2克，鸡粉、陈醋、辣椒油、生抽、食用油各适量

制作指导：

烤鸭肉宜切成小片，太大片的烤鸭肉难入味。

✗ 做法

❶洗净的鸭翅斩成块，备用。

❷锅中加水烧开，倒入鸭翅，淋入料酒，汆去血水。

❸油锅爆香姜片、蒜末、葱白、干辣椒，加南乳、豆瓣酱炒匀。

❹倒入鸭翅，淋料酒大火炒香，放盐、鸡粉、老抽调味。

❺倒入清水，小火焖煮至熟软，加入水淀粉炒匀，盛出即可。

红烧鸭翅

▌口味：香辣　▌烹饪方法：焖

🌶 原料

鸭翅300克，姜片、蒜末、葱白、干辣椒各少许

🍲 调料

盐、鸡粉各2克，南乳5克，豆瓣酱、料酒、老抽、水淀粉、食用油各适量

制作指导：

烹调鸭翅时，应以小火烧煮，使鸭翅发出香浓的味道。

①竹笋洗净，切片；红椒洗净，切块；熟鸭肠切段。

②锅中倒水烧开，放入笋片，煮至熟软后捞出。

③在沸水锅中倒入料酒、鸭肠，煮约半分钟后捞出。

④姜片、蒜末、葱白、红椒入油锅爆香，放入鸭肠炒匀。

⑤加辣椒酱、老抽、料酒、笋片、鸡粉、盐、水淀粉炒匀即可。

春笋炒鸭肠

▌口味：香辣　▌烹饪方法：炒

🌶 原料

竹笋200克，熟鸭肠150克，红椒20克，蒜末、姜片、葱白各少许

🍲 调料

盐5克，鸡粉2克，辣椒酱10克，老抽、水淀粉、料酒、食用油各适量

制作指导：

熟鸭肠本身已经入味，所以盐和鸡精的用量不宜多。

鸡蛋炒豆渣

▌口味：鲜　▌烹饪方法：炒

原料

豆渣120克，彩椒35克，鸡蛋3个

调料

盐、鸡粉各2克，食用油适量

做法

①将洗净的彩椒切条，改切成丁。

②把鸡蛋打入碗中，加入盐、鸡粉，调匀，制成蛋液。

③锅中注油烧热，放入豆渣炒干水分，捞出，待用。

④用油起锅，倒入彩椒丁，炒出香味。

⑤加入盐、鸡粉，炒匀调味。

⑥关火后盛出炒好的彩椒，待用。

⑦另起锅，淋入少许食用油烧热，倒入蛋液，炒匀。

⑧放入炒好的彩椒、豆渣炒匀，关火后盛出即可。

豆豉荷包蛋

▌口味：香辣　▌烹饪方法：炒

🌶 **原料**

鸡蛋3个，蒜苗80克，小红椒1个，豆豉20克，蒜末少许

🍲 **调料**

盐3克，鸡粉3克，生抽、食用油各适量

制作指导：
────────
蒜苗不宜炒得过烂，以免辣素被破坏，降低杀菌作用。

🍴 **做法**

❶将洗净的小红椒切成小圈；洗好的蒜苗切段。

❷用油起锅，打入鸡蛋，依次将鸡蛋煎至成形。

❸蒜末、豆豉入油锅炒香，加入小红椒、蒜苗，炒匀。

❹放入荷包蛋，翻炒均匀。

❺放入盐、鸡粉、生抽炒匀，盛出即可。

✕ 做法

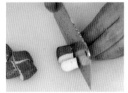

❶把洗净的鹅肉斩成块；洗净的卤豆干切小方块。

❷油锅烧热，倒入鹅肉炒变色，加料酒、葱段、姜片炒匀。

❸再倒入卤豆干，翻炒均匀，淋入老抽，炒匀上色。

❹注入清水，加盐、白糖、蚝油调味，中小火焖煮透。

❺放红椒片、味精、水淀粉，倒熟油、蒜苗叶炒匀即成。

老鹅焖豆干

▋口味：咸鲜　▋烹饪方法：焖

🌶 原料

鹅肉100克，卤豆干50克，红椒片、姜片、葱段、蒜苗叶各少许

🍲 调料

料酒10毫升，盐、白糖、蚝油、味精、老抽、水淀粉、食用油各适量

制作指导：

倒入鹅肉用中火煸炒至皮泛黄色后，再淋入料酒炒匀，能提高鹅肉的鲜亮度。

黄焖仔鹅

▌口味：香辣 ▌烹饪方法：焖

🌶 原料

鹅肉600克，嫩姜120克，红椒1个，姜片、蒜末、葱段各少许

🍲 调料

盐3克，鸡粉3克，生抽、老抽各少许，黄酒、水淀粉、食用油各适量

🍴 做法

①红椒洗净，切块；洗好的嫩姜切片。

②锅中注入清水烧开，放入嫩姜，煮1分钟后捞出。

③把洗净的鹅肉倒入沸水锅中，氽去血水后捞出。

④蒜末、姜片入油锅爆香，倒入嫩姜、鹅肉炒匀。

⑤加入少许生抽、盐、鸡粉、黄酒，炒匀调味。

⑥倒入适量清水，放入老抽炒匀，盖上盖，用小火焖5分钟。

⑦揭盖，拌匀，放入红椒，倒入适量水淀粉，拌匀。

⑧盛出锅中的食材，装入盘中，放入葱段即可。

水产类

腊八豆香菜炒鳝鱼

■ 口味：咸辣　　■ 烹饪方法：炒

🌶 原料

鳝鱼200克，香菜70克，腊八豆30克，姜片、蒜末、彩椒丝、红椒丝各少许

🍲 调料

生抽、豆瓣酱、料酒、盐、味精、生粉、食用油各适量

🍴 做法

❶香菜切段；鳝鱼洗净，切块，加盐、味精、料酒、生粉腌渍。

❷锅中加清水烧开，倒入鳝鱼，汆水片刻捞出。

❸热锅注油，烧至四成热，倒入鳝鱼，滑油片刻捞出。

❹锅底留油，放姜片、蒜末、彩椒丝、红椒丝、腊八豆。

❺倒入鳝鱼，再加入料酒炒香，加生抽、豆瓣酱翻炒均匀。

❻放入香菜，拌炒至熟透，关火，盛入盘中即可。

响油鳝丝

▌口味：酸辣　　▌烹饪方法：炒

🌶 原料

鳝鱼肉300克，红椒丝、姜丝、葱花
各少许

🍲 调料

盐3克，白糖2克，胡椒粉、鸡粉各少
许，蚝油8克，生抽7毫升，料酒10毫
升，陈醋、生粉、食用油各适量

制作指导：

鳝鱼切段时最好切上网
格花刀，这样食材才更
易入味。

🍴 做法

① 鳝鱼肉洗净，切丝，
加盐、鸡粉、料酒、生
粉拌匀，腌渍。

② 锅中注水烧开，倒
入鳝鱼丝，汆煮片刻
捞出。

③ 油烧热，倒入鳝鱼
丝滑半分钟捞出。

④ 油烧热，姜丝爆
香，倒入鳝鱼丝、料
酒炒匀。

⑤ 放入剩余调料，炒
匀盛出，加葱花、红
椒丝、热油即成。

❶白鳝鱼洗净，切成小块；洗净的红椒切丁；豆豉剁细末。

❷鳝鱼片装碗，加姜片、蒜末，再加入所有调料拌匀，腌渍至入味。

❸取干净的蒸盘，放入腌渍好的鳝鱼片，摆放好。

❹蒸锅中注入适量清水烧开，放入蒸盘，蒸8分钟。

❺取出撒上葱花，浇上少许热油即成。

豉汁蒸白鳝鱼

▌口味：鲜　▌烹饪方法：蒸

🌶 原料

白鳝鱼200克，红椒10克，豆豉12克，姜片、蒜末、葱花各少许

🍲 调料

盐3克，鸡粉2克，白糖3克，蚝油5克，生粉8克，料酒4毫升，生抽5毫升，食用油适量

制作指导：

豆豉可以切得细一些，这样菜肴蒸熟后口感会更好。

香辣砂锅鱼

┃ 口味：香辣 ┃ 烹饪方法：煮

🌶️ 原料

草鱼肉块300克，黄瓜、红椒、泡小米椒、花椒、姜片、葱段、蒜末、香菜末各适量

🍲 调料

盐2克，鸡粉3克，生抽8毫升，老抽1毫升，豆瓣酱6克，生粉、食用油各适量，水淀粉少许

🍴 做法

①泡小米椒切碎；洗净的红椒、黄瓜均切成丁。

②草鱼块洗净，装碗，加生抽、盐、鸡粉、生粉拌匀，腌渍。

③油烧四成热，倒入草鱼块，炸呈金黄色，捞出。

④锅底留油烧热，放入葱段、姜片、蒜末、花椒爆香。

⑤倒入黄瓜、红椒、泡小米椒炒香，加入豆瓣酱炒匀。

⑥注水，加生抽、老抽、鸡粉、盐炒匀，入草鱼块拌匀。

⑦大火煮沸，倒入少许水淀粉，炒匀，装入砂锅。

⑧置于火上，中火煲煮至沸，取下砂锅，点缀香菜末即可。

❶ 泡小米椒切碎；胡萝卜切片；青椒、香菇均切块。

❷ 草鱼尾洗净，切块，加生抽、鸡粉、盐、生粉拌匀，腌渍。

❸ 油烧至六成热，放入鱼块，炸至金黄色，捞出。

❹ 姜片、蒜末、泡小米椒爆香，放入胡萝卜、香菇、豆瓣酱。

❺ 加鱼块、水、生抽、醋、盐、糖、鸡粉、青椒、水淀粉炒匀，放葱段。

✂ 做法

辣子鱼块

▮ 口味：鲜　▮ 烹饪方法：炒

🌶 原料

草鱼尾200克，胡萝卜、青椒、鲜香菇、泡小米椒、姜片、蒜末、葱段各适量

🍲 调料

盐、鸡粉、陈醋、白糖、生抽、水淀粉、豆瓣酱、生粉、食用油各适量

制作指导：

草鱼肉容易熟，在油炸的时候温度不要太高，以免炸糊。

①鲢鱼头洗净，切成两半，用料酒、盐、味精抹匀鱼头。

②剁椒、姜末、蒜末、盐、味精调匀，铺在鱼头上。

③将鱼头翻面，再铺上剁椒，再放上葱段和姜片腌渍。

④蒸锅注水烧开，放入鱼头，加盖大火蒸约10分钟。

⑤取出鱼头，挑去姜片和葱段，淋蒸鱼豉油，撒上葱花即可。

剁椒鱼头

▌口味：香辣　　▌烹饪方法：蒸

🌶 原料

鲢鱼头450克，剁椒130克，葱花、葱段、蒜末、姜末、姜片各适量

🍲 调料

盐2克，味精、蒸鱼豉油、料酒各适量

制作指导：

鱼头上锅蒸制之前，腌制时间不要太长，以10分钟为佳。

❶在处理干净的鲤鱼表面打上一字花刀，装入盘中。

❷剁椒加鸡粉、生抽、生粉、芝麻油、食用油拌匀。

❸把拌好的剁椒淋在鱼身上，放上姜片。

❹将鲤鱼放入烧开的蒸锅中，盖上盖，大火蒸8分钟。

❺揭盖，把鲤鱼取出，撒上葱花，浇上热油即可。

剁椒蒸鲤鱼

▌口味：香辣　　▌烹饪方法：蒸

🌶 原料

鲤鱼500克，剁椒60克，姜片、葱花各少许

🍲 调料

鸡粉3克，生抽、生粉各少许，芝麻油、食用油各适量

制作指导：

鲤鱼脊上的筋不能食用，在处理鲤鱼时要去除干净。

豉油蒸鲤鱼

| 口味：鲜 | 烹饪方法：蒸

🌶 原料

鲤鱼300克，姜片20克，葱条15克，彩椒丝、姜丝、葱丝各少许

🍲 调料

盐3克，胡椒粉2克，蒸鱼豉油15毫升，食用油少许

🍴 做法

❶取蒸盘，摆上洗净的葱条，放入处理干净的鲤鱼、姜片。

❷再均匀地撒上盐，腌渍一会儿。

❸蒸锅上火烧开，揭开盖，放入蒸盘。

❹盖上锅盖，用大火蒸约7分钟，直至食材熟透。

❺揭开盖，取出蒸好的鲤鱼。

❻拣出姜片、葱条，撒上姜丝，放上彩椒丝、葱丝。

❼撒上胡椒粉，浇上少许热油。

❽最后淋入蒸鱼豉油即成。

❶去皮洗净的莴笋切条形；火腿肠切条；豆腐皮切粗丝。

❷花椒、姜片、蒜末、葱段、豆瓣酱、火锅底料入油锅炒匀。

❸注入适量清水，拌匀，放入洗净的鱿鱼须、蟹柳。

❹倒入火腿肠、豆腐皮、莴笋条煮熟。

❺加鸡粉、生抽、料酒、辣椒油煮至入味，盛出即可。

青笋香锅

■口味：香辣　　■烹饪方法：煮

🌶 原料

莴笋、豆腐皮各120克，蟹柳、火腿肠70克，鱿鱼须、花椒、姜片、蒜末、葱段各适量

🍲 调料

豆瓣酱12克，火锅底料15克，鸡粉、料酒、生抽、辣椒油、食用油适量

制作指导：

鱿鱼须先用少许料酒腌渍一下，这样能减轻菜肴的腥味。

火焙鱼焖大白菜

■口味：香辣　■烹饪方法：焖

🌶 原料

火焙鱼100克，大白菜400克，红椒1个，姜片、葱段、蒜末各少许

🍲 调料

盐、鸡粉各3克，料酒、生抽各少许，水淀粉、食用油各适量

🍴 做法

❶将洗净的红椒切小块；洗好的大白菜切小块。

❷水烧开，放入盐、食用油、大白菜，煮半分钟捞出。

❸热锅注油，烧至四五成热，放入处理干净的火焙鱼，略炸。

❹捞出炸好的火焙鱼，装入盘中。

❺姜片、葱段、蒜末、红椒入油锅炒香，放入火焙鱼炒匀。

❻淋入料酒，炒香，加入生抽炒匀，倒入大白菜炒匀。

❼加入少许清水炒匀，放入盐、鸡粉焖1分钟。

❽放入适量水淀粉，翻炒均匀，关火，装入盘中即可。

🍴 做法

❶ 将洗净的腊鱼斩块；朝天椒切圈；泡椒切碎。

❷ 锅中加清水烧开，倒入腊鱼肉，煮沸后捞出。

❸ 热锅注油，烧至五成热，倒入腊鱼，滑油片刻，捞出。

❹ 腊鱼撒上泡椒、朝天椒、姜丝，入蒸锅蒸15分钟。

❺ 揭盖，取出蒸好的腊鱼，淋入少许熟油即成。

湘味腊鱼

▌口味：香辣　▌烹饪方法：蒸

🌶 原料

腊鱼500克，朝天椒20克，泡椒20克，姜丝20克

🍲 调料

食用油适量

制作指导：

腊鱼蒸熟后可直接食用，或和其他干鲜蔬菜一同炒。

腊八豆烧黄鱼

口味：鲜 | 烹饪方法：焖

原料

黄鱼450克，腊八豆100克，姜片、葱段、红椒各20克

调料

盐4克，料酒、水淀粉、鸡粉、味精、食用油各适量

做法

①把处理干净的黄鱼均匀抹上盐，淋上料酒，腌渍入味。

②锅热油，倒入少许姜片，下入黄鱼，煎至两面金黄。

③放入余下的姜片和葱段，注入清水。

④再放入腊八豆，煮片刻至沸腾。

⑤加盐、味精、鸡粉、料酒调味。

⑥盖上盖，小火焖煮约5分钟至入味。

⑦揭开盖子，将煮好的黄鱼盛出，在盘中摆好。

⑧原锅中加水淀粉、红椒炒匀即成味汁，淋在鱼上即成。

豆腐烧黄骨鱼

▌口味：鲜 ▌烹饪方法：焖

🌶 原料

黄骨鱼500克，豆腐300克，白萝卜70克，红椒、青椒各15克，姜片、葱白、香菜各少许

🍲 调料

豆瓣酱15克，盐3克，鸡粉、料酒、食用油各适量

🍴 做法

❶去皮洗净的白萝卜切粒；青椒、红椒切圈；豆腐切块。

❷宰杀处理干净的黄骨鱼加盐、鸡粉、料酒，抹匀，腌渍。

❸水烧开，倒入豆腐，大火煮沸，捞出豆腐备用。

❹用油起锅，倒入姜片爆香，把黄骨鱼放入锅内煎至熟透。

❺淋入少许料酒，倒入适量清水，加入豆瓣酱、盐、鸡粉。

❻倒入青椒、红椒、白萝卜粒、豆腐，拌匀，煮至沸腾。

❼焖煮2分钟至入味，将黄骨鱼取出，装入盘中。

❽再把锅中汤料倒入盘内，放上香菜、葱白即可。

干烧鲳鱼

▌口味：香辣 ▌烹饪方法：烧

🌶 原料

鲳鱼650克，姜丝、干辣椒、蒜末、
葱花各少许

🍲 调料

盐、鸡粉各3克，辣椒酱、生抽、生
粉、水淀粉、料酒、食用油各适量

制作指导：

烹饪前在鲳鱼两面划上
花刀，可使调料更好浸
入鱼肉中。

❶ 鲳鱼收拾干净两面
切上花刀，抹上少许
生粉。

❷ 热锅注油，烧至六
成热，放入鲳鱼，炸
约3分钟捞出。

❸ 油锅爆香姜丝、干
辣椒、蒜末，加料
酒、辣椒酱、清水。

❹ 加生抽、盐、鸡
粉，煮沸后放入鲳
鱼，煮约2分钟盛出。

❺ 原汤汁加水淀粉制
成稠汁浇在鱼身上，
撒上葱花即可。

辣椒炒鱼板

∥口味：鲜　∥烹饪方法：炒

🌶 原料

鱼板250克，青椒45克，红椒25克，蒜末、葱段、姜片各少许

🍲 调料

盐、鸡粉2克，生抽4毫升，料酒6毫升，水淀粉、食用油各适量

🍴 做法

❶将洗净的红椒切片；洗好的青椒切菱形片。

❷锅中注入适量清水烧开，放入洗净的鱼板，搅拌一下。

❸淋入少许料酒，拌匀，煮约1分30秒，去除腥味。

❹再捞出食材，沥干水分，待用。

❺用油起锅，放入蒜末、葱段、姜片，大火爆香。

❻放入红椒片、青椒片，炒匀，倒入鱼板炒匀。

❼淋入料酒、生抽，加入盐、鸡粉，炒匀炒香。

❽再用水淀粉勾芡，至食材熟透，装入盘中即成。

❶ 将洗净的红椒切段；洗净的花蟹斩成两块。

❷ 蟹肉用生粉裹匀后入油锅炸至淡红色，捞出。

❸ 豆豉、姜片、蒜末、葱段入油锅爆香，放入红椒炒香。

❹ 倒入花蟹，加料酒、水、豆瓣酱、蚝油、盐、鸡粉煮沸。

❺ 待汁水收浓，淋入水淀粉拌煮片刻，盛出即成。

金牌口味蟹

▌口味：香辣　▌烹饪方法：炒

🌶 原料

花蟹3只，红椒30克，豆豉、葱段、蒜末、姜片各少许

🍲 调料

盐3克，水淀粉、生粉、料酒、豆瓣酱、蚝油、鸡粉、食用油各适量

制作指导：

花蟹肉要彻底加热至熟透，否则易导致急性肠胃炎或食物中毒。

✖ 做法

❶ 将洗净的黄瓜切成段；洗好的红椒切成小块。

❷ 将宰杀处理干净的牛蛙切去头部、爪部，再切块。

❸ 水烧开，放入牛蛙汆去血水，捞出，盛盘备用。

❹ 油锅爆香葱段、姜片、蒜末，放剁椒、牛蛙、料酒、黄瓜、红椒。

❺ 加盐、鸡粉、生抽炒匀，倒入水淀粉拌匀，盛出即可。

剁椒牛蛙

▌口味：香辣　　▌烹饪方法：炒

🌶 原料

牛蛙250克，黄瓜120克，红椒40克，剁椒适量，姜片、蒜末、葱段各少许

🍲 调料

盐3克，鸡粉3克，料酒、生抽各少许，水淀粉、食用油各适量

制作指导：

如果想吃口味比较浓的牛蛙肉，可以用白酒来提味。

虾仁四季豆

▌口味：鲜 ▌烹饪方法：炒

🌶 原料

四季豆200克，虾仁70克，姜片、蒜末、葱白各少许

🍲 调料

盐4克，鸡粉3克，料酒4毫升，水淀粉、食用油各适量

🍴 做法

① 洗净的四季豆切段；洗好的虾仁去除虾线。

② 虾仁加入盐、鸡粉、水淀粉、食用油拌匀，腌渍。

③ 水烧开，加入食用油、盐、四季豆，焯煮至断生捞出。

④ 用油起锅，放入姜片、蒜末、葱白炒出香味。

⑤ 倒入腌渍好的虾仁，拌炒匀。

⑥ 放入四季豆炒匀，淋入料酒炒香。

⑦ 加入盐、鸡粉，炒匀调味。

⑧ 倒入适量水淀粉，拌炒均匀，盛出装盘即可。

✖ 做法

❶青椒洗净，去籽，切成条，切成小块，放入盘中备用。

❷锅中加清水烧开，加食用油，倒入青椒，煮熟后捞出。

❸热锅注油，烧至四成热，倒入虾皮，炸出香味捞出。

❹把青椒倒入碗中，加入虾皮、蒜末。

❺加盐、鸡粉，加入芝麻油、生抽拌匀，盛出装盘即可。

尖椒虾皮

▮口味：鲜 ▮烹饪方法：拌

🥄 原料

青椒60克，虾皮20克，蒜末少许

🍲 调料

盐2克，鸡粉1克，芝麻油2毫升，生抽3毫升，食用油适量

制作指导：

炸虾皮时油温不要太高，否则容易炸煳。

❶将洗净的彩椒切成条形，再切成丁。

❷水烧开，倒食用油，放入彩椒煮1分钟至熟，捞出。

❸锅中注油，烧至三成热，倒入小河虾干炒出香味。

❹淋入料酒，加入姜片、蒜末、葱白、生抽炒匀。

❺放入彩椒炒熟，加入盐、味精炒匀，盛出即可。

彩椒炒小河虾干

▌口味：咸鲜　▌烹饪方法：炒

🌶 原料

彩椒200克，小河虾干200克，姜片、蒜末、葱白各少许

🍲 调料

盐4克，料酒、生抽各5毫升，味精、食用油各适量

制作指导：

虾干的味道比较鲜，烹饪时不宜放太多味精，以免抢了虾干的鲜味。

辣拌蛤蜊

▍口味：香辣 ▍烹饪方法：拌

🌶 原料

蛤蜊500克，青椒20克，红椒15克，蒜末、葱花各少许

🍲 调料

盐3克，鸡粉1克，辣椒酱10克，生抽5毫升，料酒、陈醋各4毫升，食用油适量

🍴 做法

❶洗净的红椒、青椒均切成圈。

❷蛤蜊入锅中煮至壳开、肉熟透后捞出，用清水洗净。

❸用油起锅，倒入青椒、红椒、蒜末，大火爆香。

❹加辣椒酱、生抽、陈醋、料酒、盐、鸡粉，炒匀。

❺把炒好的调味料盛出，装入碗中备用。

❻把蛤蜊倒入另一只碗中。

❼撒上葱花，倒上炒好的调味料。

❽用筷子拌匀入味，盛出装盘即可。

口味螺肉

▌口味：鲜　▌烹饪方法：炒

原料

田螺肉300克，紫苏叶、干辣椒、八角、桂皮、姜片、蒜末、葱段各少许

调料

盐、鸡粉各3克，生抽、料酒、豆瓣酱、辣椒酱、水淀粉、食用油、辣椒粉各适量

制作指导：

田螺肉的杂质较多，炒前可用沸水汆烫一下，这样更有利于健康。

❶将洗净的紫苏叶切碎，备用。

❷水烧开，放入洗净的田螺肉，加入料酒汆去杂质，捞出。

❸葱段、姜片、蒜末、干辣椒、八角、桂皮、紫苏叶炒香。

❹倒入田螺肉，放入豆瓣酱、生抽、辣椒酱、料酒炒香。

❺加清水、盐、鸡粉、辣椒粉、水淀粉炒匀即可。

✕ 做法

❶洗净的蒜苗、香菜切段；香菇洗净，切小块。

❷水烧开，倒入洗净的甲鱼肉块，淋入料酒，氽去血水后捞出。

❸油锅放入姜片、蒜末、葱段、香菇、甲鱼炒匀。

❹加生抽、料酒、辣椒面、水、盐、白糖、老抽、水淀粉炒匀。

❺放入蒜苗，炒至断生，装盘，点缀上香菜即可。

生爆水鱼

▌口味：鲜　▌烹饪方法：炒

🌶 原料

甲鱼肉块500克，蒜苗20克，水发香菇50克，香菜10克，姜片、蒜末、葱段、辣椒面各少许

🍲 调料

盐2克，白糖2克，老抽1毫升，生抽4毫升，料酒7毫升，食用油、水淀粉各适量

制作指导：

可以根据个人口味，适量增减辣椒面的用量。

红烧龟肉

▌口味：咸鲜 ▌烹饪方法：烧

🌶 原料

乌龟肉块600克，冰糖30克，枸杞10克，
花椒、姜片、葱段各少许

🍲 调料

盐2克，蚝油7克，老抽3毫升，料酒10毫
升，鸡汁15毫升，水淀粉、食用油各适量

🍴 做法

❶锅中注水烧开，倒
入洗净的乌龟肉块略
煮片刻，淋入料酒。

❷搅拌匀，煮约半分
钟，捞出煮好的乌龟
肉块，沥干待用。

❸锅中注入适量食用
油，放入姜片、葱
段、花椒爆香。

❹倒入肉块炒匀，淋
上料酒提味，放入蚝
油、老抽炒香。

❺注入适量清水，撒
上洗净的枸杞，加冰
糖，轻轻搅拌匀。

❻用大火煮沸，加
盐，倒入鸡汁，炒匀
调味。

❼盖上锅盖，转小火
煮约20分钟，至食材
入味。

❽揭盖，大火收汁，
倒入水淀粉炒匀收
汁，盛出装盘即成。

❶ 香菇洗净，切小块；香菜切碎；乌龟块洗净，汆水。

❷ 五花肉、姜片、香菇、葱条、干辣椒、桂皮、八角入锅炒匀。

❸ 倒入乌龟块、料酒、生抽、清水，大火煮至沸腾。

❹ 加盐、鸡粉略煮，将锅中的材料连汤汁一起装入砂煲。

❺ 置火上煮2小时，拣去葱条，撒胡椒粉、香菜末即可。

✕ 做法

洞庭金龟

▌口味：鲜　▌烹饪方法：炖

🌶 原料

乌龟块700克，五花肉块200克，姜片60克，水发香菇50克，葱条40克，香菜25克，干辣椒、桂皮、八角各少许

🍲 调料

盐3克，鸡粉、胡椒粉各少许，生抽6毫升，料酒12毫升，食用油适量

制作指导：

汆煮龟肉时，加入的料酒最好多一些，这样能减轻其腥味。